태양광 발전 시스템
지붕 위 설치 안전대책 포인트

사단법인 일본건축판금협회 ┈┈┈┈ 공편
사단법인 전일본기와공업연맹 ┈┈┈┈ 공편
NPO 법인 지구환경 HOME ┈┈┈┈ 감수
장호정 · 윤종원 · 강원호 ┈┈┈┈ 공역

Preface

주택의 지붕에 설치된 태양전지를 주위에서 쉽게 찾아볼 수 있게 되었습니다. 지붕이 푸른빛으로 빛나고 있습니다. 주택에 공해 없는 전력을 공급하는 태양광 발전의 보급은 지구환경을 위해서는 이로운 일이지만, 지붕 전문가들은 지붕을 훼손시키는 것이 아닌가 하는 우려의 목소리도 높아지고 있습니다.

지붕 위에 설치하는 태양광 발전 시스템

본서에서는 비가 새는 문제 등을 미연에 방지하기 위해서라도 주택(지붕)과 태양광 발전의 관계를 주택의 입장에서 재조명해 보려고 합니다.

주택은 에너지를 다량으로 소비하고 있습니다. 아침에 눈을 떴을 때의 행동부터 생각해보아도, 자명종은 건전지의 전기를 사용하고 있습니다. 한잔의 모닝커피, 따끈따끈한 밥, 집배원이 누르는 인터폰 등, 생활의 모든 곳에 에너지가 사용된다고 해도 과언은 아닐 것입니다.

　가전제품의 대부분은 사용하지 않을 때에도 전력을 소비하고 있습니다. 이것을 **대기전력**이라 합니다. 대기전력은 가정에서 사용하는 전력의 10% 가량을 차지합니다. 정말 아까울 따름입니다.

　앞으로도 전력의 소비량은 증가할 것이라고 합니다. 인터넷 등의 정보통신에 사용되는 전력이나 냉난방을 하는 방 개수도 증가할 것입니다.

　한편, 지구환경은 큰 피해를 입고 있습니다. 우리들이 쓰는 에너지의 대부분을 화석연료를 사용하여 생산하고 있기 때문입니다. 그 결과, 탄산가스가 지구를 온실화하여, 대기의 평균온도를 상승시켜서 이상기온 현상이 많이 발생하고 있습니다. 동식물도 이상한 행동을 보이고 있습니다.

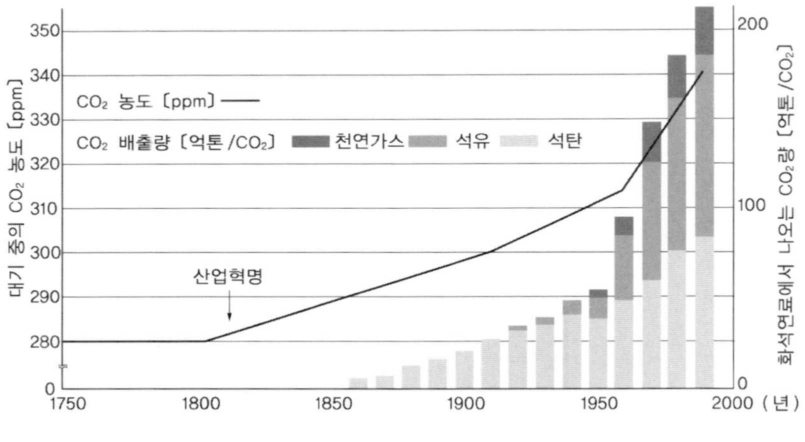

화석연료의 이산화탄소 배출량

탄산가스를 배출하지 않고 에너지를 만들 수 있다면 이러한 현상을 막을 수 있습니다. 최근, 화석연료를 사용하지 않고 태양으로 전기에너지를 생산하는 상품이 다량으로 출시되고 있습니다. 가정에서 사용할 수 있는 유력한 상품이 태양광으로 전력을 만드는 **태양광 발전 시스템**입니다. 태양광으로 전력을 생산하므로 지구환경에 전혀 부담을 주지 않습니다. 탄산가스나 질소산화물과 같은 위험한 가스도 발생할 일이 없습니다.

태양광 발전 시스템은 태양빛을 받기 쉬운 지붕 위에 설치합니다. 생성된 전력은 전력회사의 전력과 완벽하게 동일하므로 가정에서 간단하게 사용할 수 있는 시스템입니다.

단지, 지붕 위에 몇 십 m²나 되는 커다란 장치를 올려놓아야 하기 때문에 비가 새지 않도록 조심해야 합니다. 또한 태풍이나 지진으로 인한 피해가 발생하지 않도록 해야 합니다. 건축적인 측면부터 확실하게 안전성을 생각하여 대응할 필요가 있습니다.

주택용 태양광 발전 시스템

　이 책은 지구환경에 악영향을 끼치지 않는 태양광 발전 시스템을 널리 주택에 보급하는 것을 목적으로 하고 있습니다. 주택 전문가들이 모여서 소중한 주택에 영향을 주지 않는 설치방법이나 주의점을, 태양전지를 구입하는 분이나 판매하는 분, 시공하는 분, 태양전지 생산 관계자 등을 대상으로 쉽게 해설하고 있습니다.

　저희들은 태양광 발전 시스템이 안전한 가정 제품으로서, 사용하기 쉬운 상품으로서, 또한 주택에 부담을 주지 않는 상품으로서 널리 보급되기를 바라는 마음으로 이 책을 출판하게 되었습니다.

특정비영리활동법인 지구환경 HOME

사무국장　石川 修(이시가와 오사무)

Contents

• **태양광 발전 시스템_ 지붕 위 설치 안전대책 포인트**

서 론_ 왜 태양광 발전인가? ·········· 3

제01장_ 태양광 발전, 이것만은 알아두자. ·········· 11
  1.1 우리 생활 가까이 있는 태양광 발전 ·········· 11
  1.2 태양광 발전과 환경 부담 ·········· 12
  1.3 태양광 발전의 구조 – 전기는 이렇게 만들어진다 ·········· 16
  1.4 태양전지와 전력량 ·········· 19
  1.5 태양전지 설치 예 ·········· 22
  1.6 태양전지의 실용 성능시험 ·········· 25

제02장_ 태양광 발전이 가계에 미치는 경제 효과 ·········· 29
  2.1 태양전지와 내구년수 ·········· 29
  2.2 보조제도의 활용 ·········· 30
  2.3 판매 가능한 잉여전력 ·········· 34
  2.4 태양광 발전 시스템 도입 예 ·········· 36
  2.5 태양광 발전과 경제성 ·········· 38

제03장_ 열악한 지붕 환경 ·········· 45
  3.1 지붕이란 무엇? ·········· 45
  3.2 지붕재의 역할은 무엇인가? ·········· 48
  3.3 지붕의 구조 ·········· 50

제04장_ 태양전지 시스템의 설계조건과 설치방법 ············· 61

4.1 지붕형상을 고려한다 ·· 61

4.2 지역성, 기후특성, 설치장소를 고려한다. ····················· 62

4.3 설치환경과 설치조건에 적합한 선택 ·························· 65

4.4 신축주택 · 기존주택 · 주택의 증개축에 있어서
설치조건과 유의사항 ··· 74

제05장_ 미래의 주거와 태양광 발전 ······························· 89

5.1 태양광 발전을 보급하기 위한 과제 ··························· 89

5.2 에너지를 자신의 집에서 생산한다. ··························· 90

5.3 2020년의 태양광 발전 ··· 91

5.4 2020년의 시장 ··· 91

• **부록 / 95**

부록 1_ 태양광 발전 Q&A ··· 96

부록 2_ 관련 용어해설 ·· 100

부록 3_ 관련 기관 · 단체 문의처 일람 ····························· 107

부록 4_ 지붕에 관한 태양광 발전 공사시공과 보증 개요 ········ 108

부록 5_ 전일본기와공사업연맹 제3자 배상공제제도 ············ 114

부록 6_ 주택용 태양전지 분류방법 ·································· 117

부록 7_ 지붕구배(치푼, 寸分)와 경사각(도) ····················· 120

부록 8_ 지붕방향, 경사에 따른 발전량의 영향 ···················· 121

• **찾아보기 / 123**

태양광 발전 시스템
지붕 위 설치 안전대책 포인트

photovoltaic power generation

01 지구가 위험하다
– 화석연료의 소비가 지구환경을 오염시키고 있다

세계의 많은 나라들이 태양광 발전을 보급시키기 위해 활발히 움직이고 있는 이유는 무엇일까? 그것은 태양광을 원료로 에너지를 생산하면 탄산가스를 발생시키지 않기 때문이다. 그렇다면 왜 탄산가스를 발생시키지 않으면서 에너지를 얻는 것이 좋은 것일까?

생활을 위해서는 에너지가 필요하다. 그러나 20세기말 무렵부터 매일 당연한 것처럼 쓰고 있는 에너지가 지구의 내일을 좌우할 정도로 중요한 것이 되어 있다. 아무래도 석유나 석탄, 천연가스 등의 **화석연료**라고 하는 에너지원이 문제인 듯하다. 그렇다면 왜 화석연료의 소비가 지구환경을 오염시키는 것일까?

화석연료는 인간이 만든 것이 아니다. 원래 지구에 생존하고 있던 동식물로 이루어진 것인데 어째서 그것을 태우는 것이 지구환경을 오염시키는 것일까?

석유나 석탄, 천연가스 등은 태고의 식물이나 동물로부터 생겨난 것이다. 지구에 생명이 태어나서부터 몇 억년이 넘는 시간이 흘러 생물에 포함된 탄소는 땅 속 깊이 고정되어 왔다. 그 결과 지구 대기에 포함된 탄산가스는 적당한 농도로 안정적으로 유지되어 왔다. 그 덕택에 지구 대기온도는 생물이 생존하기 좋은 온도로 안정되어 있었던 것이다.

그 지구의 대기온도가 상승한 원인은 우리 인류의 활동에 있었다. 보다 나은 생활을 추구해오면서 산업혁명으로부터 불과 350년 정도의 단기간에 석탄이나 석유를 대량으로 소비했다. 그 결과 땅 속 깊이 고정되어 있던 탄소를 탄산가스의 형태로 한꺼번에 대기 중에 방출했기 때문인 것이다.

방대한 지구라고 해도 단기간에 대량의 탄산가스가 방출된다면 대응할 수 없다. 그 때문에 대기 중의 탄산가스 농도가 높아져 지구를 덮는 유리 역할을 하게 되었다. 그로 인해 지구는 온실화되어 큰 폭의 기후변화를 일으켰고 "기록적인 큰 비", "기록적인 대형 태풍", "기록적인 큰 눈"이라고 하는 "기록"이라는 단어가 붙어버린 것이다. **지구 온난화**라고 하지만 따끈따끈한, 온화한 기후의 지구가 되는 것이 아니다. 이상기후가 기록적인 천재지변이 되어 모든 생물에게 피해를 주는 것이다.

[그림 1] 탄산가스 외에 매연, 질소산화물, 아황산가스도 대기를 오염시킨다.

[그림 2] 온실화에 의한 홍수 : 홍수로 침수된 독일의 마을

화석연료가 연소될 때 발생하는 것은 탄산가스뿐만이 아니다. 매연이나 질소산화물, 아황산가스 등의 대기를 오염시키는 가스도 발생한다. 이 가스는 직접 생물에 영향을 줄 뿐만 아니라 대기 중의 물을 산성화시켜 **산성비**가 된다. 건물에 사용되는 비받이통 등의 금속이나 사찰 지붕 등에서도 큰 피해 사례가 보이고 있다. 나무들이 선 채로 말라 죽는 등 식물에도 큰 피해를 주고 있다. 그렇기 때문에 지구상에 사는 모든 생물을 위해 화석연료의 연소를 줄여야만 한다.

② 적극적인 석유 대체에너지 도입이 급선무

대기 중의 탄산가스 농도 상승을 억제하기 위해 우리들이 할 수 있는 일 중 하나는 에너지 절약을 실천하는 것이다. 쓰지 않는 방의 전기를 끄는 것, 불필요한 에너지를 쓰지 않는 것으로부터 시작했으면 한다. 물건을 소중히 여기고 오래 쓰는 것도 에너지 절약이 된다.

그러나 에너지를 전혀 쓰지 않고 사는 것은 불가능하다. 어쨌거나 쓰지 않을 수 없는 에너지, 그 에너지를 위해 개인이 할 수 있는 것 중 하나에 **태양광 발전**이 있다.

예컨대 건전지를 쓰지 않기 위해 전자계산기나 손목시계 등을 태양전지로 바꾸는 것은 일상생활 중에서 비용부담도 적고 간단히 실천할 수 있는 대표적인 것이다. 정원등이나 대문등도 태양전지 형태인 것이 많이 상품화되어 있다.

(출전 : 시티즌시계(주) 홈페이지)

[**그림 3**] 태양광 발전을 이용한 예

그것을 조금 큰 규모로 한 것이 주택용 **태양광 발전 시스템**이다. 일본에는 10만채(2003년)를 넘는 주택의 지붕에 설치되어 있다. 이것은 일본의 개인주택 250채당 1건의 비율이다. 그래서 최근 부쩍 눈에 띄게 되었다.

기와 등 지붕재 위에 설치할 뿐만 아니라 지붕을 교체하거나 신축할 때에 태양전지를 지붕재로서 지붕에 설치하는 것도 간단해졌다. 지붕재의 기능을 가진 '지붕재형' 상품도 매우 많다. 그 상품들은 지붕재 기능으로서는 50년 이상의 수명을 가진 것도 많이 판매되고 있다.

➌ 해마다 증가하는 가정용 소비

최근 일본인들의 에너지 소비가 지나칠 정도로 늘어가고 있다. 그렇게 많은 에너지가 필요하게 된 이유는 무엇일까?

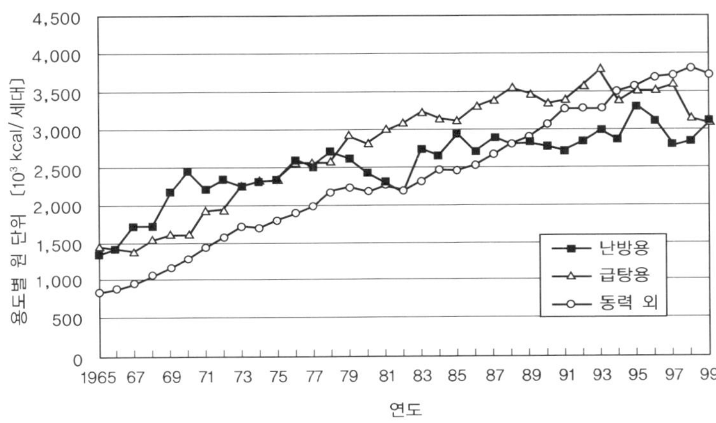

[그림 4] 가정의 용도별 에너지 소비량

(출전 : 일본에너지경제연구소 계량분석부 편, EDMC/에너지 · 경제통계
요람〈2002년판〉, 성에너지센터, 2002)

	1인당 소비전력량 [kWh]	증가율	소비전력량 [억 kW]
캐나다	16,342 / 16,268	1.0	5,025
스웨덴	15,271 / 15,264	1.0	1,355
미 국	12,834 ※ / 11,400	1.1	※ 34,729
프랑스	6,974 / 5,693	1.2	4,107
일 본	6,602 / 5,331	1.2	8,391
독 일	6,095 / 6,297	1.0	4,999
영 국	5,689 / 4,954	1.1	3,385
한 국	5,112 ※※ / 2,202	2.3	※※ 2,142
이탈리아	4,836 / 3,793	1.3	2,793
중 국	1,064 / 459	2.3	13,466

☐ 2000년치 ☐ 1990년치 증가율 : 2000년과 1990년의 비

（주）일본인 1인당 소비전력량은 연도 수치. • 한국은 판매전력량으로 산출.
　　• ※은 1989년 수치　　• ※※은 1999년 수치

[그림 5] 일본 주택의 소비전력은 앞으로도 증가할 것이다

(출전 : 해외전기사업통계 2002년판, 사단법인 전력해외조사회, 외)

　제2차 세계대전 후 근면한 일본인들은 바닥에서부터 시작해 선진국 중에서도 경제적인 톱 그룹인 지금의 일본을 만들어 왔다. 그러나 급속한 사회 환경의 변화는 생활 스타일을 바꾸고 주택을 변화시켰다.

　당연한 일이지만 강력한 급상승곡선으로 물자와 에너지의 소비가 증가했다. 그것은 과거형이 아니다. 지금도, 앞으로도 당분간은 계속될 것이다.

　왜냐하면 일본 주택은 냉방이나 온방을 하는 면적도, 욕실이나 식기를 씻기 위한 온수 사용량도 선진국 중에서는 아직 최하위 그룹이기 때문이다.

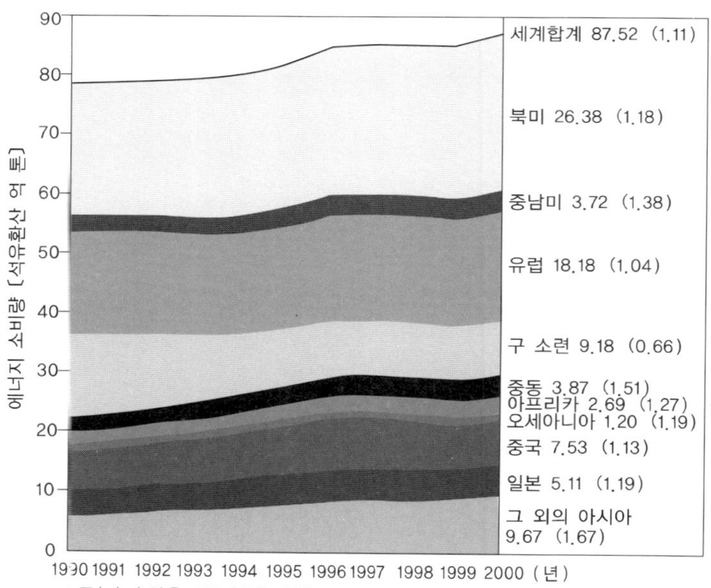

[그림 6] 에너지 소비는 증가를 계속하고 있다

(출전 : BP통계 200년도 판, 일경BP사)

일본에서도 최근 건축되는 주택을 보면 세계적으로도 톱 레벨의 기능을 갖추었다. 공조면적도 넓어지고 온수설비도 충분해 전실 공조 주택도 드물지 않다.

그러나 일본에는 개인주택만 2600만 가구가 있다. 1950년대나 제2차 세계대전 직후의 건물도 아직 그대로 쓰이고 있다. 설비의 갱신이나 주택의 리뉴얼 등에 의해 에너지 소비는 아직도 증가추세이다. 24시간 쉬지 않는 정보화 사회도 에너지를 증가시킬 것이다.

04 전기는 '소비하는' 시대에서 '생산하는' 시대로

그러나 20세기 말엽부터 시대는 변하기 시작했다. 문득 생각해보니 화석연료는 얼마 남지 않았고 대기의 탄산가스 농도는 한계에 다다르고 있었다. 이상기온이 일상적으로 출현하기 시작하고 있다. 평년치와는 큰 폭으로 달라진 장마나 상륙하는 태풍의 횟수, 냉하나 맹서, 따뜻한 겨울이나 지나친 눈, 해산물에도 그 영향이 현저하게 나타나기 시작했다.

가정으로부터 방출되는 탄산가스의 발생은 더 이상 늘어서는 안 된다. 가정에서의 에너지 절약 등 탄산가스 배출량을 줄이기 위해 실생활에서 실행할 수 있는 것은 무척 많다. 개인 개인이 구입하는 가전제품 등의 기구나 생활 용품의 탄산가스 소비량을 정확하게 아는 것도 중요하다. 매일 사용하는 전력이나 가스, 석유 등으로부터 나오는 탄산가스 발생량을 아는 것도 에너지 절약에 도움이 된다.

밤새 켜놓는 과도한 조명은 지나친 감이 있다. 에너지 절약은 물론 화석연료에서 새로운 에너지로 교체해야 하는 시대 이것이 21세기이다.

가정에서 할 수 있는 일은 많다. 그 안에 태양광 발전 시스템이 있다. 태양광을 연료로 한 발전기이다. 전기는 '소비하는' 시대에서 '에너지 절약'이라고 하는 과정을 거쳐 '생산하는' 시대로 진입하고 있다.

05 태양전지와 주택의 융합이 요구된다.

태양전지는 주택용으로는 만들어지지 않았다. 탄탄한 강철 가대에 견고하게 부착하도록 만들어졌다. 그것을 섬세한 주택의 지붕에 그대로 붙이면 지붕은 손상을 입는다. 태양전지가 단단하지 않다고 해도 주택의 지붕재는 위에 물건을 얹어 놓는 것을 전제로 하지 않기 때문에 역시 손상이 있다.

지붕 전문가의 경험과 기술을 바탕으로 재료의 선택과 설치방법을 고려하지 않는다면 비가 새거나 지진, 태풍 같은 위기 상황에서 낙하 위험을 피할 수 없다. 다음 장부터는 주택의 측면에서 태양광 발전과 주택을 생각해 보고자 한다.

제01장 태양광 발전, 이것만은 알아두자.

태양전지란 태양 빛으로부터 전기를 만들어 내는 발전기이다. 전지라고 이름 붙어 있지만 축전은 할 수 없는 발전기이다. 그러나 연료는 필요 없다. 간혹 오해되는 경우도 있지만 태양열 온수기와는 다르다.

1.1 우리 생활 가까이 있는 태양광 발전

지금까지 작은 태양전지는 우리 가까이 있었다. 그림 1.1에 나타낸 전자계산기, 시계 등은 그 중 한 예이다.

주택용 태양전지도 같은 태양전지이지만 기술혁명에 의해 대형 태양전지를 제조할 수 있게 되어 주택에서 사용하는 전기의 대부분을 제공할 수 있게 되었다.

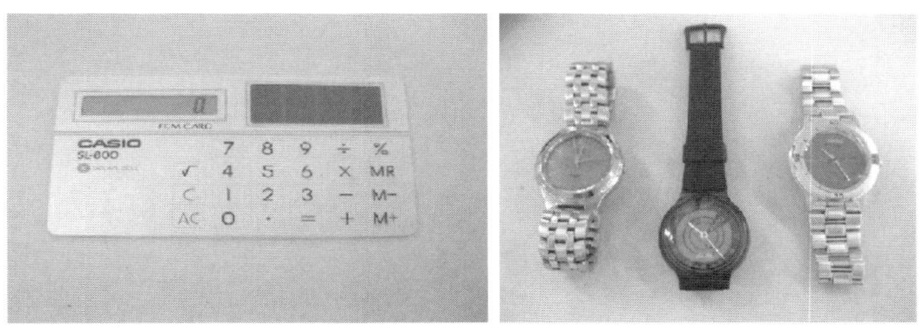

[그림 1.1] 우리 생활에서 쉽게 찾아볼 수 있는 태양광 발전 사용 예
(출처 : 카네카화학공업(주))

1.2　태양광 발전과 환경 부담

　우리들은 생활이나 산업에서 막대한 에너지를 소비한다. 그것은 예컨대 전기나 자동차를 움직이는 동력원이다. 그 에너지의 대부분을 석유나 석탄 등의 화석연료에 의존하고 있다. 화석연료 덕에 오늘날의 번영이 있다고 해도 과언이 아니지만, 반면 중대한 문제도 있다. 화석연료는 태울 때 이산화탄소(CO_2), 유황산화물(SO_x), 질소산화물(NO_x)을 배출하여 온난화 산성비의 원인이 되고 있다. 언제까지나 이런 상황을 방치할 수는 없다. 그러므로 화석연료 이외의 에너지원을 찾아내는 것이 시급하다.

　지구에 도달하는 태양광 에너지는 42조kcal/초나 되며 그 1시간 분은 세계의 에너지 소비량의 1년분에도 상당한다. 그러나 **그림 1.2**에서 알 수 있듯이 그 에너지는 그저 내리쬐고 있을 뿐, 거의 이용되지 않는다. **그림 1.3**에 환경문제와 태양에너지의 필요성을 정리했다.

　태양광 에너지를 유효하게 이용하는 것이야말로 인류의 희망이다.

　일본에는 태양전지가 보급되기 시작해 전국 각지에서 볼 수 있게 되었다. 더욱이 최근에는 전 주택에 태양전지가 설치된 단지(**그림 1.4**)도 있어 급속하게 보급이 확대되고 있다.

　태양전지는 벽, 정원, 베란다 등 다양한 장소에 설치할 수 있다. 그러나, 빛으로 발전하기 위해, 그림자가 생기지 않고 태양광선이 바로 와닿을 수 있는 장소가 제격이라는 것은 두 말할 것도 없다. 바로 지붕이다.

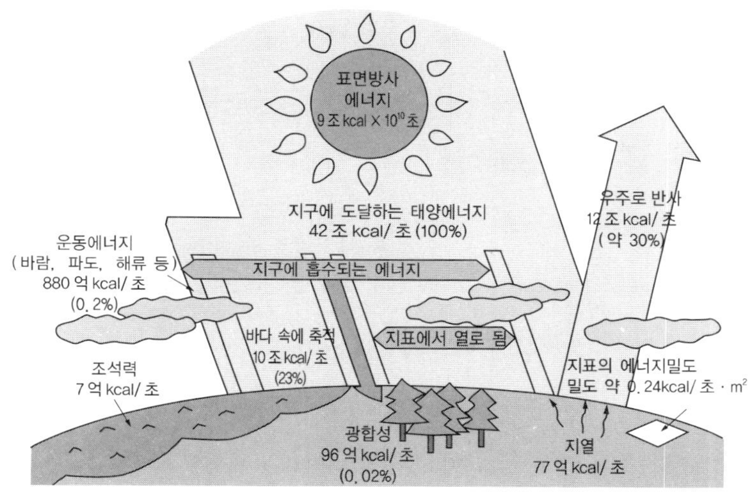

[그림 1.2] 태양광 에너지는 거의 이용되고 있지 않다

(출전 : 桑野幸德, 新·太陽電池を使いこなす, p.22, 講談社, 1999)

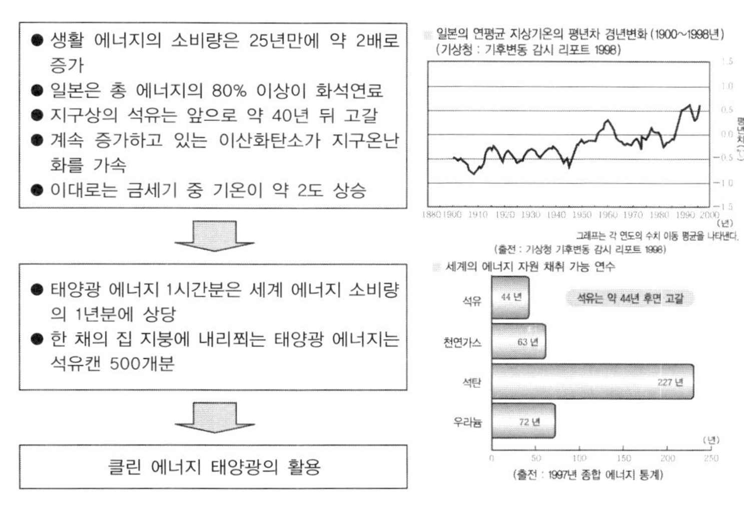

[그림 1.3] 환경문제의 해결에 필요한 태양에너지

[그림 1.4] 전 주택에 태양전지를 설치한 주택단지
(출처 : (주)쿠보타, (주)하카신)

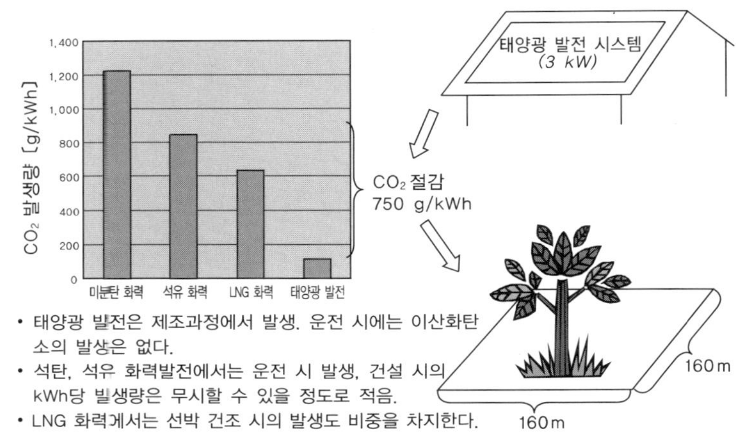

- 태양광 발전은 제조과정에서 발생. 운전 시에는 이산화탄소의 발상은 없다.
- 석탄, 석유 화력발전에서는 운전 시 발생, 건설 시의 kWh당 빌생량은 무시할 수 있을 정도로 적음.
- LNG 화력게서는 선박 건조 시의 발생도 비중을 차지한다.

[그림 1.5] LCA(라이프 사이클 어세스먼트)에 기초한 이산화탄소 발생량
(출처 : 히라이와 가이시 감수, 지구환경 2000-01, 미오신출판, 2000)

게다가 지붕은 면적이 넓다. 실로 지붕은 적극적으로 사용하지 않는 가치 있는 장소이다. 한 채의 표준적인 지붕에 3~4kW의 태양전지를 설치하면 100m 사방에 나무를 심어 CO_2를 흡수시킨 것과 같은 효과가 있다. 그 구조를 **그림** 1.5에 나타낸다.

LCA(라이프 사이클 어세스먼트) 분석에 의한 연료별 CO_2 발생량은 여러 가지 전제가 있지만 제조 시에만 CO_2를 발생하지 않는 태양광 전지는 화석연료계 발전과 비교해서 거의 750g/kWh의 CO_2를 절감할 수 있다. 제2장에서 소개하는 3kW 태양광 발전을 설치한 H씨 집의 연간 발전량이 3,459kWh이므로, 1년에 약 2,600kg의 CO_2 발생량을 줄인 셈이 된다.

한편 일본의 삼림 상황을 보면 삼림면적은 약 2,500만ha(인공림이 약 1,000만ha 나머지는 천연림과 잡목림)이다. 임야청의 시산에 따른 1995년 일본의 삼림이 고정시킨 탄소량은 2,660만t, 따라서 삼림 1ha당 고정 가능한 탄소량은 최소한 약 1t(＝2,666만t/2,500만ha), 최대 약 2.5t(＝2,660만t/1,000만ha)이 된다.

3kW 태양광 발전은 최소한도로 견적을 내봐도 2,6ha(약 160m 사방＝25,600m^2)에 나무를 심은 효과를 갖는다.

1.3 태양광 발전의 구조 – 전기는 이렇게 만들어진다

태양의 빛 에너지를 흡수해서 전기로 바꾸는 에너지 변환기를 **태양전지**라고 한다.

태양전지는 성질이 다른 2종류의(p형, n형)의 반도체를 겹친 것이다. 이 반도체에 태양빛이 닿으면 **그림 1.6**과 같이 전자(−)와 정공(+)이 발생해서 정공은 p형 반도체로, 전자는 n형 반도체로 이끌려 간다. 이 두 개의 반도체를 전선으로 연결하면 전선에 전류(전자)가 흐르는 구조이다.

발전 효율이란 태양전지에 입사한 태양광 에너지를 어느 정도의 비율로 전기 에너지로 변환 가능한가를 나타낸 것이다. 쉽게 말하자면 빛에너지 '100'을 태양전지에 쏘아서 전기 에너지가 '10' 발생했다고 하면 변환 효율은 10%가 된다.

종종 혼동하는 경우가 있는데 발전 효율과 발전량은 관계가 없다. 예컨대 3kW의 태양전지 시스템이라면 발전효율에 의존하지 않고 3kW 상당의 발전을 한다. 다만 같은 3kW라도 발전효율이 높은 태양전지는 작은 면적에 설치하면 좋지만, 그에 비해 발전효율이 낮은 태양전지는 큰 면적을 필요로 한다. 한편, 가격은 일반적으로 몇 kW의 태양전지를 설치하는가에 따라 결정되기 때문에 발전효율이 높으니까 가격이 싸다든지 비싸다든지 하는 것은 아니다.

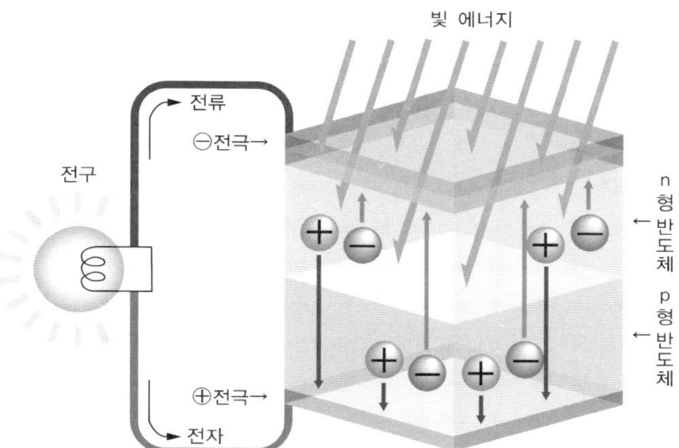

태양전지는 p형과 n형이라는 2개의 실리콘이 조합되어 있으며 빛을 받으면 내부에서 +와 −의 전하를 발생시킨다. 양자의 사이를 전기가 흐름으로써 전기가 발생한다.

[그림 1.6] 태양광 발전 프로세스(출처 : HOME CLUB, 미사와홈, 1996−12)

그림 1.7은 태양광 발전 시스템의 기초적인 용어를 나타내고 있다.

빛을 받아 발전하는 최소 단위를 **셀**. 전기를 얻기 쉽게 그리고 부착하기 쉽게 조립한 것을 **모듈**이라고 한다. 이 모듈을 예를 들면, 지붕에 붙여 배선한 것을 **어레이**라고 한다.

태양전지로 만들어진 전기는 직류이다. 한편 텔레비전, 세탁기, 에어컨은 교류의 전기로 움직인다. 그래서 직류의 전기를 교류로 변환하는 장치(=파워 컨디셔너)를 태양전지에 접속한다.

그리고 또, 전력회사의 전선에 접속한다(**계통연계**). 이로써 태양전지가 발전하지 않는 밤은 전력회사의 전기에 의해 가전제품을 움직이고(매전, 買電), 낮동안 태양전지가 발전해 전기가 남았을 때, 전기를 전력회사에 파는 것이다(매전, 賣電).

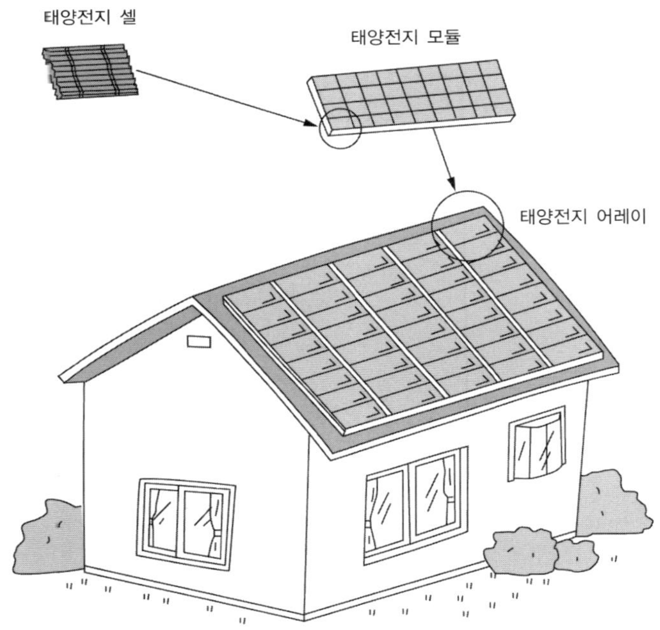

[그림 1.7] 태양광 발전 시스템의 구성
(출처 : 태양광발전협회 홈페이지)

그림 1.8은 전기를 사는 것과 전기를 파는 것의 설명을 한 것이다. 가정의 소비전력은 가족 모두가 집에 있는 시간 즉, 저녁부터 야간에 많아진다. 에어컨이나 텔레비전, 조명 등을 많이 쓰기 때문이다. 한편, 태양전지는 태양의 일조량이 많아지는 낮에 그 발전량이 최대가 되고 해가 지면 발전은 정지된다.

그 결과 주간은 태양전지가 발전하는 전기가 사용하는 전기보다 많아지고 남은 전기를 전력회사에 파는 것이 가능하다. 또 야간은 그 반대로 전력회사로부터 전기를 사서 사용한다. 물론

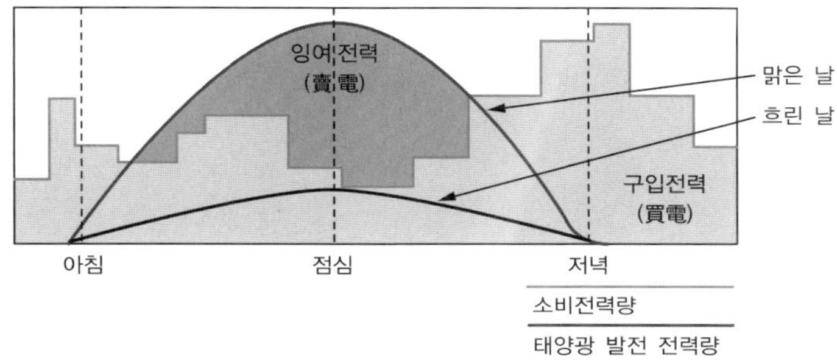

[**그림 1.8**] 맑은 날의 발전과 소비전력의 추이(모델 케이스)

어느 정도 전기를 팔 수 있는가는 태양전지를 몇 kW 설치했는가
와 전기를 얼마나 사용하는가에 따라 달라진다.

게다가 중요한 것은 날씨이다. 흐리거나 비가 오는 날에는 태
양의 일조량이 적어져 발전량이 적어진다.

1.4 태양전지와 전력량

W(와트)는 단위시간당 전기 에너지(전력)를 나타내는 단위, k
는 1,000배라고 하는 의미의 기호, h는 시간이다.

예컨대 시속 50km로 1시간 달리면 50km 나간다(여기에서도 k는
1,000배라는 의미이다). 여기서 말하는 시속이 kW, 달린 거리가
kWh에 상당한다. 또한 100W의 전구를 10시간 점등시키면

$$100W \times 10h = 1,000Wh = 1kWh$$

의 전력량만큼 에너지를 소비하고 1kWh만큼 전기 값을 지불한다. 당연 2시간 점등시키면 그 2배…이것이, kWh의 의미이다.

※ 이해하기 어렵겠지만, 1kWh의 태양전지를 1시간 태양빛(태양광 에너지 1kW/m²)에 닿게 해도 1kWh의 전기를 발전한다고는 말할 수 없다. 그 이유는 여러 가지 손실이나 변동요소가 있기 때문이다.

태양전지는 언제, 어디서 같은 전력량을 발전할 수 있는 것이 아니며 그 발전량 모두를 유효하게 이용할 수 있는 것도 아니다. 그것은 **그림** 1.9에 나타낸 손실이나 변동의 지역차가 있기 때문이다.

지역에 대응한 최적의 태양전지를 선택하는 일이나 최적의 설치방법을 선택하는 것, 그리고 그것이 상황에 따라 변동하는 것을 이해하는 것이 중요하다.

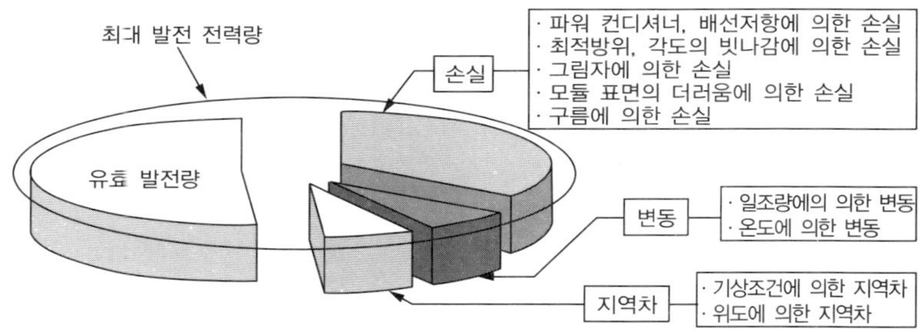

주 ① 변동이나 지역차는 손실이라고는 할 수 없다. 태양전지의 종류나 메이커, 혹은 설치방법에 따라 달라진다. 예를 들면, 따뜻한 지역에서 잘 발전하는 태양전지와, 반대로 추운 지역에서 잘 발전하는 태양전지가 있다.
② 그림은 개념도이다.

[그림 1.9] 태양전지가 발생하는 전력량 손실 및 변동

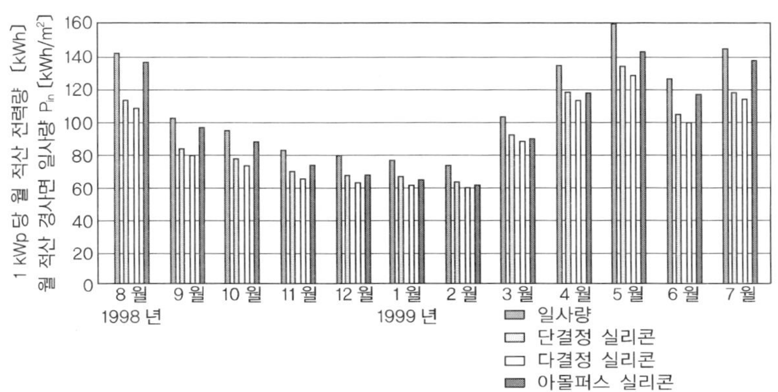

[그림 1.10] 소재별 월간 발전 전력량 및 월간 경사면 일사량
(시가현 쿠사쯔시에서의 예 : 리쯔메이칸 대학)
(출전 : 카네카 화학공업 주식회사)

그림 1.10은 어느 한 해 동안 같은 상황에서 3종류의 태양전지를 설치한 경우의 발전량을 실측한 결과를 나타내고 있다. 이로써 어떤 태양전지라도 계절에 따라 발전량이 변동한다는 것을 알 수 있다. 이것은 1년을 통해 일조량이나 기온 등이 변동하고 있기 때문이다. 또한 발전량의 변동 방식이 태양전지의 종류에 따라 다르다는 것을 알 수 있다(**표 1.1** 참조).

또한, 앞으로의 태양전지로서 고려해 볼 수 있는 것은 다음과 같은 것이 있다.

• **색소증감 태양전지** : 색소를 코팅한 산화티탄의 코스트다운, 고효율의 가능성, 내구성 관련 과제

• **원형 실리콘 입자 태양전지** : 전방위 발전 제조방법 관련 과제 (무중력이 필요?)

[표 1.1] 태양전지의 종류

실리콘계	결정계	• 단결정 실리콘 태양전지 • 다결정 실리콘 태양전지	단결정과 다결정의 실리콘 기판을 사용한 타입으로 발전효율이 우수하다. 주택용, 공공산업용 등에 이 타입이 많이 이용되고 있다.
	비결정계	• 아몰퍼스 실리콘 태양전지	유리 등 저가격 기판 위에 박막 모양의 아몰퍼스 실리콘을 성장시켜서 만드는 태양전지로, 저비용화가 기대되고 있다. 전자계산기 등에 많이 이용되고 있다.
화합물 반도체계	결정계	• 단결정 화합물 반도체 태양전지(GaAs, InP 등) • 다결정 화합물 반도체 태양전지(CdS/CdTe, CIS 등)	단결정계와 다결정계가 있다. 단결정계에는 GaAs 및 InP를 이용한 태양전지가 인공위성 등의 특수 용도에, 다결정계에서는 CdS/CdTe 및 다결정 박막계로 자리잡고 있는 CIS 등이 있으며, 재료에 따라 용도나 사용방법이 달라진다.

(출처 : 터양광발전협회)

1.5 태양전지 설치 예

01 지붕 설치형

◆ **슬레이트 기와 지붕 위 설치 사례** : 지붕의 아래 및 구조부재어 지지 금속기구를 붙여 설치한 사례(그림 1.11)

◆ **금속판 기와 지붕 위 설치 사례** : 나무기둥이 있는 금속판 기와 지붕에 지지 금속기구를 붙여 설치한 사례(그림 1.12)

- ◆ 일본식 기와지붕 위 설치 사례 : 전용 금속기구를 이용 하여 설치한 사례(그림 1.13)
- ◆ 평지붕 위 설치 사례 : 앵커에 레일을 고정해서 설치한 사례 (그림 1.14)
- ◆ 공공·산업용 설치 사례 : 반으로 접은 지붕에 전용 금속기 구를 사용해서 설치한 사례(그림 1.15)

[그림 1.11] 슬레이트 기와지붕 위 설치 사례

[그림 1.12] 금속판 기와지붕 위 설치 사례 (출처 : 츠카사전기산업(주))

[그림 1.13] 맞배지붕 위 설치 사례 (출처 : (주)지붕기술 연구소)

[그림 1.14] 절판지붕 위 설치 사례 (출처 : 히라노공업(주))

[그림 1.15] 공용 · 산업용 설치 사례
(출처 : 카네카화학공업(주))

② 지붕재형

◆ 우진각지붕 위 설치 사례(그림 1.16)
◆ 맞배지붕 위 설치 사례(그림 1.17)

[그림 1.16] 우진각지붕 위 설치 사례
(출처 : 카네카화학공업(주))

[그림 1.17] 맞배지붕 위 설치 사례
(출처 : (주)엠 · 에스 · 케이)

1.6 태양전지의 실용 성능시험

- ◆ 태양전지는 대형 태풍에도 날아가지 않도록 설계된 것이다. 그림 1.18은 풍속 60m의 바람이 불어도 날아가지 않는 것을 확인하는 실험 장면이다. 또한 실험장치의 개략을 그림 1.19에 나타냈다.

- ◆ 지붕재형 태양전지는 지붕기와와 마찬가지로 누수를 막기 위해 설계되어 있다. 그림 1.20은 비와 태풍을 상정하고, 비바람이 닥쳐도 비가 새지 않는 것을 확인하는 실험 장면이다.

- ◆ 태양전지는 눈이 쌓이는 곳에서는 사용할 수 없는 경우가 있다. 그러나 최근에는 적설지 사양의 태양전지도 있다. 또한 적설지에서의 태양전지 설치는 별도로 기와의 강도나 집의 강도를 검토해야 한다(그림 1.21 참조).

- ◆ 지붕재형 태양전지는 이웃집에 불이 났을 경우 불꽃이 튀어도 어느 정도 집을 지킬 수 있는 기능을 가지고 있다. 그 시험법은 공식적으로 인정되고 있으며 제품은 그 기준에 합격해야 한다(그림 1.22 참조).

[그림 1.18] 태풍을 상정한 실험(풍속 : 60m/s)
(출처 : 카네카화학공업(주))

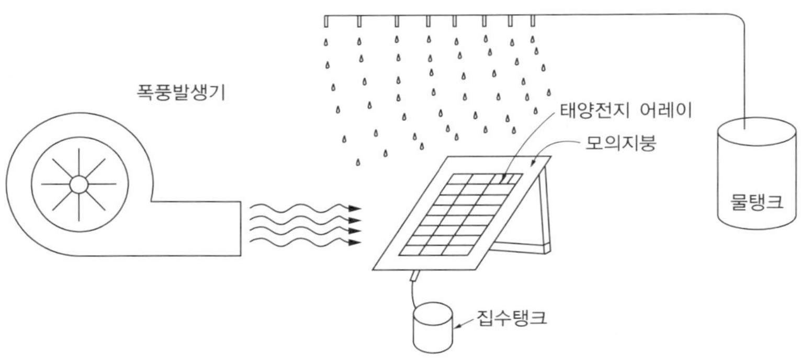

[그림 1.19] 실험장치 구성도

[그림 1.20] 비·태풍을 상정한 실험(우량 : 120mm/h, 풍속 : 30m/s)
(출처 : 카네카화학공업(주))

[그림 1.21] 적설을 상정한 실험
(출처 : 카네카화학공업(주))

[그림 1.22] 방화 실험(태양전지 위에 불씨를 놓고 바람을 불게 해 야지판(野地板)이 연소되지 않는 것을 확인하는 실험)
(출처 : 카네카화학공업(주))

제02장

태양광 발전이
가계에 미치는 경제 효과

2.1 태양전지와 내구년수

주택용 태양전지는 지붕에 설치하는 경우가 대부분이다. 따라서 지붕재로서 개발을 한 상품도 다수 있다. 지붕재 위에 설치하는 **"지붕 설치형"** 태양전지는 기와 등의 지붕재를 손상하지 않도록 하는 설계상의 연구와 시공 시의 고려가 내구성을 높이는 데 있어 중요하다. 그 부담을 가볍게 하기 위해 만들어진 것이 지붕재의 기능을 가진 **"지붕재형"** 태양전지이다.

태양전지의 표면은 유리로 되어 있어서 내구성이 무척 높은 지붕재이다. 이 부분은 유지보수 없이 50년 이상 지속될 수 있다고 한다.

그림 2.1에 지붕재형 아몰퍼스 PV(7kW)와 일반 지붕재의 라이프 사이클 비교 예를 나타냈다.

지붕재형 태양전지로 지붕을 덮으면 초기 비용은 보조금이 나와도 400만엔으로 비싼 편이다. 그러나 매일 발전 수입이 들어오므로 초기 비용은 줄어든다. 다만 25년 정도 경과하면 판금 부분 등의 유지보수 비용이 든다. 또한 발전 효율도 차츰 낮아지므로 발전 수입도 매해 줄어들지만 35년 후 정도면 공짜로 설치한 셈이 된다.

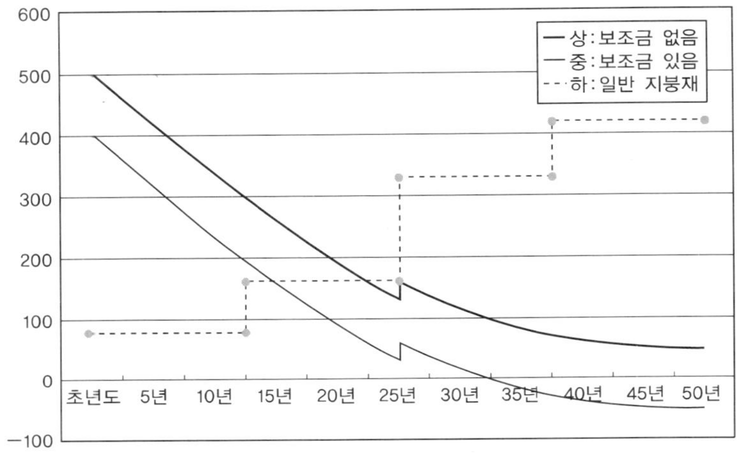

[**그림 2.1**] LCC 비용 비교도(단위 : 천엔)

한편 슬레이트 지붕재도 있다. 슬레이트 지붕재의 초기 비용은 100만엔 이하로 낮지만 십수년이 흐르면 도장 등의 비용이 발생하고 25년 정도가 되면 교체 비용이 발생한다.

유지보수 비용이 들기 때문에 35년 정도 되면 300만엔 이상이나 비용을 쓴 셈이 된다. 시뮬레이션에 따르면 35년에 300만엔 이상의 차이가 생기는 것이다. 전체 비용으로 보면 지붕재형 태양전지는 매우 경제적인 것이다.

2.2 보조제도의 활용

일본에서는 주택에 태양광 발전의 설치를 확대해 가기 위해서, 1994년도부터 태양광 발전을 설치하는 개인에 대해 국가가 조성하는 보조제도가 제정되었다. 이 제도 덕분에 주택용 태양광 발전은 급속하게 보급되었다. 상세하게는 신에너지재단의 웹사이트(http://www.nef.or.jp/)에 소개되어 있으며, 여기서는 개략적인 내용만 소개한다. 또한, 많은 지자제가 정부 차원의 보조에 추가적으로 독자적인 보조제도를 실시하고 있다. 이들에 대해서도 소개한다.

01 국가의 보조제도

재단법인 신에너지재단(약칭 NEF)이 국가의 대행기관으로서 보조업무를 행하고 있다. 태양광 발전 설치를 원하는 개인과의 관계는 **그림** 2.2와 같다. 그림에서 '개인'에 해당하는 작업은 실제로는 건설공사를 행하는 주택 메이커나 청부시공업자가 행하는 경우가 많은 것 같다.

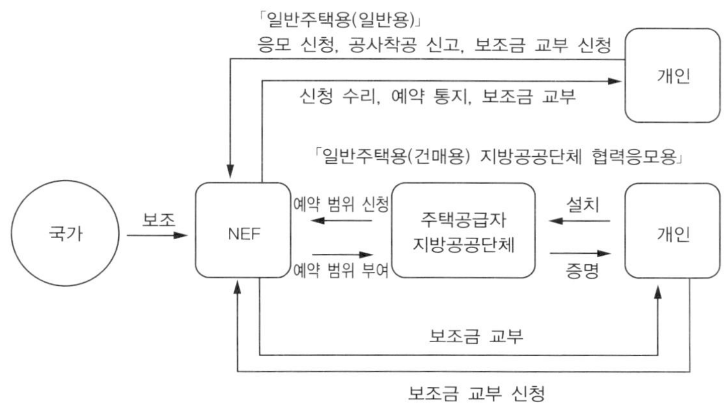

[**그림** 2.2] 보조금 신청의 흐름도(재단법인 신에너지재단 자료에 의함)

개인이 설치하는 일반주택, 주택공급자가 건설하는 건설판매주택, 지방공공단체가 실시하는 건조물에 대해 각기 다른 보조제도가 있는데, 여기서는 개인주택의 경우에 대해 설명한다.

우선 주택에 태양광 발전 시스템을 설치하고자 하는 '개인'은 NEF에 **응모신청**을 하고, 신청이 수리되면 수리 연월일을 기록한 예약통지가 온다. 수리일로부터 2개월 이내에 시공착공이 의무로 되어 있고, 공사착공이 개시되면 그 취지를 보고하는 **공사착공 신청서**를 NEF에 제출한다.

공사착공 후 기존 건축의 경우는 3개월, 신축의 경우는 6개월 이내에 공사를 완료하고 **보조금 교부 신청서**(겸 설치완료 보고서)를 NEF에 제출한다. 공사착공 후의 기한이나 조건에 대해서는 변경 가능성도 있으므로 사전에 확인할 필요가 있다.

NEF에서 보조금 교부 신청서가 접수되면 **교부 결정 통지서**가 보내져 오고, 그 다음에 **보조금 확정 통지**와 함께 조성금이 통장에 들어온다.

금액의 확정통지 수령 후 2년간 1/2기에 한번 NEF에 **정기보고**하는 것이 의무로 되어 있다. 권고를 받아도 보고서를 제출하지 않은 경우나 허위 보고를 한 경우 **보조금의 반환**이 요구된다.

이상이 개인주택에 대한 보조제도의 개략적 흐름이다.

또한 보조금, 모집기간, 모집요강 등이 거의 반년마다 공시되고 내용도 바뀌므로, 태양광 발전 시스템을 설치하는 경우는 반드시 NEF의 웹사이트를 확인하여 계획을 세워야 한다.

[표 2.1] 주택용 태양광 발전 – 조성제도의 추이

	1996& 그 이전	1997	1998	1999	2000	2001	2002
예산총액[억엔]	93.3	111	147	160	178	235	232
보조금 신청건수 · 일반용 · 건매용 · 지방공공단체용 합계[건]	 17,690	 8,329	 8,229	 17,396	24,843 192(512) 12(386) 25,741	28,325 86(304) 15(760) 29,389	41,693 72(171) 18(973) 42,837
공칭출력 총계 [MW]	13.3	19.5	24.1	57.7	74.4	91.0	149.6
1건당 평균출력 [kW/건]	3.70	3.45	3.80	3.63	3.56	3.62	3.49
국가보조금액 [만엔/건]	←(시스템 가격을 도입한 계산식에 의함)→				27, 18, 15	12	10
시스템전체설치 비용[만엔/kW]	(120 이상)	106.2	107.4	93.9	84.4	75.8	74.6

(주) 보조금 신청건수 중, 건매용 및 지방공공단체용의 ( ) 안의 수치는 보조금 대상 예정범위를 나타내며, ( ) 밖의 수치는 신청업자수를 나타낸다.
(출전 : 재단법인 신에너지재단 조사, 2002년도는 일부, 태양광발전협회 조사를 포함)

　　참고로 주택용 태양광 발전 조성제도에 있어서의 국가의 예산액, 보조금 신청건수, 공칭출력의 완화, 신청 1건당의 평균 출력 및 보조금액의 연도별 추이를 표 2.1에 나타냈다. 매해 보조금 신청건수가 증가하고 있지만 예산총액의 신장은 낮고 보조율은 낮아지고 있다. 그렇지만 종래와 비교하자면 태양광 발전의 설치 비용 자체도 낮아지고 있다.

02 지자체의 보조제도

국가의 보조제도와는 별개로 지지체에서는 독자적인 추가 보조를 실시하고 있다. 해마다 증가하고 있어 2002년도에는 그 수는 전국에서 233 지자체가 되었다. 출력당 금액보조로부터 융자이자의 완화나 이자 지원까지 그 보조 내용도 다양하다(상세한 내용은 신에너지재단의 웹사이트(http://www.nef.or.jp/) 참조).

2.3 판매 가능한 잉여전력

주간에는 그다지 많은 전력을 쓰지 않기 때문에 발전한 전력을 모두 사용하지 못하는 경우가 있다. 이 남은 전력을 **잉여전력**이라고 한다. 잉여전력은 전력회사에 판매하는 것이 가능하다. 전력회사에서는 신에너지의 보급을 위해 전력을 파는 가격과 사는 가격은 거의 같은 금액으로 하고 있다. 따라서 보통의 '전등계약'이 아니라 '시간대별 전력계약'이나 '계절별 전력계약'을 이용하면 주간의 전력요금이 높기 때문에 높게 파는 것이 가능하다. 계약 방법 등 상세한 사항은 지역 전력회사에 문의하면 된다.

여기에서는 전기를 판다고 하는 개념에 대해 설명하고자 한다(그림 2.3 참조).

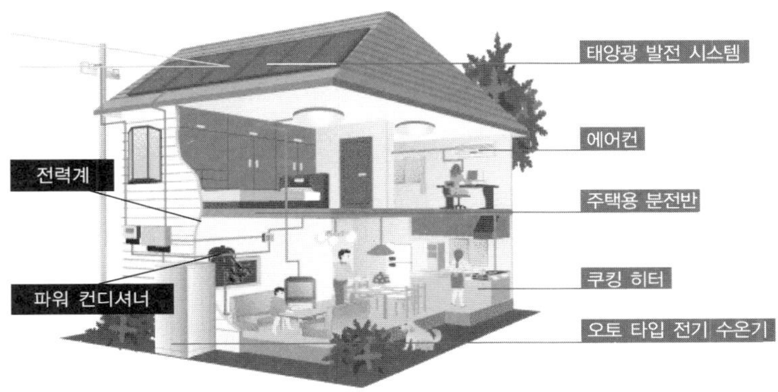

[그림 2.3] 태양광 발전을 설치한 주택의 구성

태양전지는 빛의 강도에 따라 생산되는 전력의 양이 다르다. 강한 빛은 많은 전력을 낳는다. 그렇지만 비가 오거나 흐린 날과 같이 약한 빛이라도 소량이나마 전력을 발생시킨다. 그래서 태양광을 많이 받기 위해 지붕에 태양전지를 설치한다.

발전한 전력은 직류이다. 전력회사와 같은 교류 전력으로 변환해야 한다. 그것이 파워 컨디셔너이다. 교류로 변환된 전력은 충전반으로 들어간다. 다음은 전력회사의 전력과 같이 사용할 수 있다. 아무런 차이도 없다. 남은 전력(잉여전력)은 판매용 미터를 경유하여 전력회사의 계통으로 흘러 들어가 판매된다.

전력회사와의 계약이지만 시간대별이나 계절시각별 등으로 계약을 하면 전력을 팔 때는 주간의 높은 전력요금으로, 전력회사로부터 살 때는 야간의 싼 가격으로 전력을 쓸 수 있으므로 연간 계산을 하게 되면 득이 되는 경우가 많다.

2.4 태양광 발전 시스템 도입 예

박막 실리콘 하이브리드 지붕재형 쿠보타 에코로니를 설치한 사이타마시 키시쵸의 H씨 집의 예를 (주)쿠보타의 정보를 바탕으로 소개한다.

시스템은 34.5W의 것을 92장, 출력 3.17kW로 지붕 경사는 4.5도, 정남향이다. 이 집은 종래의 전기+가스형의 에너지 공급에서 신축을 계기로 태양전지 모듈을 설치한 완전(all) 전력화 주택으로 2002년 1월에 리모델링을 시행했다.

신축을 결정하는 데 있어 부지에서의 일사량을 조사하여 월별 연간예측 발전량을 상정하고 경제성을 검토했다. 그 예측치는 실측치와 거의 동일하며 **그림 2.4**에 나타낸 바 대로이다.

다음으로, 완전(all) 전력화+에코로니 주택으로 한 2002년과 그 이전의 가스·전기 병용이었던 2001년을 비교해서 광열비를 조사한 결과를 **표 2.2**에 나타냈다. 연간 20만엔 이상의 광열비를 절약할 수 있다. 이것은 완전 전력화로 하기 위한 건축 자체에 드는 초기 투자 비용의 증가는 포함되어 있지 않지만 매일 매일의 가계비라고 하는 관점에서 보면 전기제품이 늘어났음에도 불구하고 지붕재형 태양전지의 설치에 쓴 추가분 약 200만엔은 거의 10년 이내에 회수 가능하다는 것을 알 수 있다. 더욱이 전기를 파는 것으로 전기료가 돌아오기 때문에 가족 전원의 **절전의식**이 높아지는 것도 기대할 수 있다.

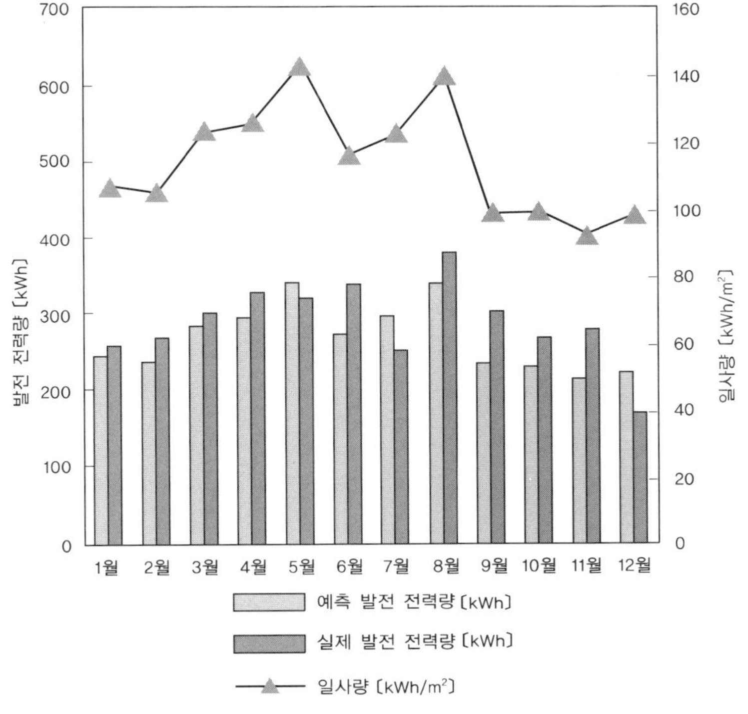

[그림 2.4] 월별 일사량과 발전량의 관계

H씨는, 표 2.3에 나타냈듯이 사용 전력량에 대해서도 데이터를 가지고 있다. 총사용 전력량에 대한 시간대의 비율은 아침 약 24%, 주간 약 4%, 야간 약 61%, 태양광 발전 자가사용 약 11%이며, 또 태양광 발전 모듈로부터의 발전 전력량의 50% 이상이 판매되고 있다.

[표 2.2] 가스·전기 병용 주택과 태양광 발전이 설치된 완전(all) 전력화 주택의 광열비 비교

	2001년 가스·전기 병용 주택			2002년 완전(all) 전력화+에코로니 주택			전년 차액
	전기요금	가스요금	광열비 계	지불전기요금	매전수입	광열비(차감)계	
1월	20,962	11,090	32,052	25,692	3,588	22,104	−9,948
2월	20,962	10,147	31,109	20,382	3,786	16,597	−14,513
3월	16,204	9,273	25,297	15,570	4,718	10,852	−14,445
4월	14,950	8,697	23,629	14,073	4,859	9,214	−14,415
5월	16,371	9,379	25,750	12,343	4,787	7,556	−18,194
6월	14,874	8,328	23,202	10,486	5,316	5,170	−18,032
7월	20,407	7,320	27,727	12,934	2,962	9,972	−17,755
8월	32,229	7,673	39,902	12,695	4,761	7,934	−31,968
9월	22,027	7,203	29,230	11,979	4,153	7,826	−21,404
10월	16,830	7,912	24,742	11,605	4,549	7,056	−17,686
11월	14,619	8,500	23,119	14,726	4,179	10,547	−12,572
12월	16,118	10,000	26,118	16,561	1,746	13,815	−12,303
합계	226,373	105,504	331,877	178,046	49,404	128,642	−203,235

사용 전기기기		사용 전기기기	
1. 에어컨 : 4대	7. 오븐레인지 : 1대	1. 에어컨 : 7대*	7. 오븐레인지 : 1대
2. 텔레비전 : 3대	8. 전기온풍기 : 2대	2. 텔레비전 : 4대*	8. 전기온풍기 : 2대
3. 세탁기 : 1대		3. 세탁기 : 1대	9. 자동식기세척기 : 1대*
4. 코타츠 : 1대	사용 가스기기	4. 코타츠 : 1대	10. 욕실건조온방기 : 1대*
5. 전자레인지 : 1대	9. 가스급탕기 : 2대	5. 전자레인지 : 1대	11. IH 쿠킹 : 1대☆
6. 냉장고 : 2대	10. 가스대 : 2대	6. 냉장고 : 2대	12. 전기온수기 : 1대☆
※ 1월은 가족여행으로 5일간 부재		※ *표는 증가, ☆표는 가스→전기기구로 변경	

2.5 태양광 발전과 경제성

01 일반적인 태양광 발전의 발전량

일년 중에는 맑은 날, 흐린 날, 비오는 날로 날씨의 차이, 계절에 따른 **일조시간(日射時間)**의 차이가 있기 때문에, 연간을 통해서 생각하지 않으면 안된다.

[표 2.3] 사용 전력량과 발전량의 월별 추이와 태양광 발전 전력이 사용되는 방법

	2001년도 사용전력량	2002년도 사용전력량						
		조석	낮	야간	태양광 자가사용량	총 사용전력량	태양광 매전량	발전량
1월	822	540	101	1,331	129	2,101	127	256
2월	822	421	74	1,061	132	1,688	134	266
3월	724	304	45	879	134	1,362	167	301
4월	576	280	37	863	153	1,333	172	325
5월	635	261	26	764	138	1,189	181	319
6월	576	226	18	614	137	995	201	338
7월	796	294	46	969	139	1,448	112	251
8월	1,264	339	32	476	200	1,047	180	380
9월	860	291	51	421	146	909	157	303
10월	652	237	44	617	98	996	172	270
11월	565	309	56	856	122	1,343	158	280
12월	624	333	92	747	114	1,286	66	170
합계	8,916	3,835	622	9,598	1,642	15,697	1,827	3,459
총 사용전력량에 대한 시간대의 비율		24.4%	4.0%	61.1%	10.5%	100%		
발전량에 대한 매매의 비율					47.5%		52.8%	100%

1kW의 태양전지 모듈은 이상적인 환경에서는 1시간에 약 1kW의 발전을 한다. 결정계도, 아몰퍼스계도 거의 같다. 변환효율이 높은 것이든 낮은 것이든 마찬가지이다. 일본에서는 하루에 태양전지에 쏟아지는 일사시간은 지역이나 계절마다 다르지만, 3.4~4.4시간이다. 따라서, 1년간 1kW의 태양전지가 발전하는 양은

$$1\text{kW} \times (3.4\sim4.4\text{h}/日) \times 365\text{일}/연간 = 1{,}241\sim1{,}606\text{kWh}/연간$$

가 되어, 평균하면 1,424kWh/연간이 된다.

그러나, 태양전지가 받은 일사(日射)를 '전력회사와 같은 교류 전력'으로 변환해 주민들이 사용하게 되기까지 파워 컨디셔너 등의 시스템 기기나 태양전지 설치장소의 고온환경 등에 의해 손실(Loss)이 발생한다. 파워 컨디셔너의 선정이나 태양전지의 고온화를 피하는 설치방법 등에 따라 차이가 있지만 평균하면 25% 정도이다. 따라서, 태양광 발전의 시스템 효과는 평균하면 75% 정도가 된다.

따라서, 유효발전량은,

$$1,424kWh/연간 \times 0.75 = 1,068kWh/연간$$

이 된다.

주의해야 할 것은 연간 일사시간은 매년 변동이 심하다. 따라서, 연간발전량은 해마다 다르다는 것을 알아두길 바란다.

❷ 초기트자와 경제적 메리트

여러분의 가정에서는 매월 전기료를 어느 정도 내고 있는가? 태양전지가 가지고 있는 **경제적 이득**을 알아 둘 필요가 있다. 그래서 3kW의 태양전지를 설치하고자 하고 있는 A씨 집과 B씨 집의 사례를 비교해 보고자 한다.

A씨 집은 전력소비량이 비교적 높은 500kWh/월, B씨 집은 맞벌이로 전력소비량이 비교적 적은 250kWh/월이다.

[표 2.4] 초기 투자를 포함한 경제적 이점과 사례

	A씨 집	B씨 집
연간 전력사용량 〔kWh〕	6,000	3,000
상기 전력 지불액 〔엔〕	138,000	69,000
연간 태양광 발전량 〔kWh〕	3,532	3,532
상기 전력 가격 〔엔〕	81,236	81,236
태양광 발전 도입 후의 연간 전기료 〔엔〕	56,764	−12,236
투자회수년수 〔년〕	22.1	22.1
태양광 발전 비용 〔엔/kWh〕	49.7	49.7

태양전지의 설비 비용 70만엔/kW, 보조금 9만엔/kW, 내구년 수 30년, 금리 3%, 연간 유지비는 투자비용의 1%, 잉여전력은 살 때 요금으로 판매할 수 있어 23엔/kWh가 된다. 또한 전력회사와 시간대 계약을 맺어 29엔/kWh로 판매할 수 있다. 태양전지를 설 치함으로써 연간을 평균적인 전력량을 얻을 수 있다고 한다(**표 2.4** 참조).

또, **표 2.4**의 투자 회수년수와 태양광 발전비용의 계산식을 다 음에 표시한다.

$$\text{단순 투자회수년수} = \frac{\text{설비비용} - \text{보조금}}{\text{상정연간수입}}$$

$$= \frac{210\text{만엔} - 27\text{만엔}}{98,194} = 18.6\text{년}$$

$$발전비용 = \frac{설비비용 \times (연간\ 경비율 + 유지비율)}{연간\ 발전량}$$

$$= \frac{2,100,000 \times (0.05102 + 0.010)}{3,386}$$

$$= 37.8엔/kWh$$

$$연간\ 경비율 = \frac{금리}{1-(1+금리)^{-내구년수}}$$

$$= 0.05102$$

A씨의 주택도 B씨의 주택도 태양광 발전 시스템을 설치함으로써 그 발전분만큼 구입 전력량은 감소하고 초기 투자회수 년수도 태양광 발전 코스트도 마찬가지로 일견 그 정도 큰 차이는 없는 듯 보인다. 그러나 잘 보면 완전히 다르다.

- A씨댁 : 태양광 발전으로 충당하지 못한 전력량(2,614kWh)은 여전히 계통으로부터 구입하고 그 구입요금은 앞으로 높아질 가능성이 크다. 그리고 직접적으로 계통전력요금 상승의 영향을 받는다.

- B씨댁 : 쾌양광 발전에 의한 발전량이 자가 소비 전략량보다 높기 때문에 전력회사에 의해 결정되는 계통전력요금에 좌우될 비율은 적고 전력회사로부터의 자주적인 매수가 있는 한 잉여분을 전력회사에 팔아 이익을 올릴 수 있다. 또한 태양전지가 발전하는, 비교적 전기요금이 비싼 주간에 전기를 팔고 요금이 싸지는 밤에 전기를 살 수 있다. 게다가 전기를 판 이익이 있기

때문에 에너지 절약을 통해 메리트를 높여가고자 하는 연구를 하게 된다.

어찌됐든, 태양광 발전 시스템은 A, B 양쪽 집 모두 풍요로운 생활에 기여할 것이다. 또한 회수년수는 이 전제로는 상당히 길어지겠지만 초기 투자 코스트가 낮아지면 그에 비례해서 짧아질 것이다.

제03장

열악한 지붕 환경

3.1 지붕이란 무엇?

건축물은 고대인의 동굴식 주거에서 시작되어 인간의 발자취와 함께 발전·진보되어 왔다. 비나 바람 등의 자연현상이나 외부의 적으로부터 몸을 지키기 위해 가장 간단한 덮개(shelter)를 만들었을 때부터 그 역사는 시작되었고, 드디어 인간사회가 형성되면서 건축물은 여러 가지 활동의 시스템으로서 현대에 계승되어 왔다. 그 가운데에서도 지붕은 건축물의 내구성을 결정함과 동시에 건축물의 상징으로서 건물의 표정을 좌우하는 중요한 요소이며, 지붕의 구조는 건축물의 규모나 형상 그리고 기술의 진보와 함께 고도화, 다양화해 왔다.

여기에서는 태양광 발전의 도입을 대상으로 지붕에 대한 지식과 지붕의 논리에 기초한 안전, 그리고 완전한 시공을 전제로 해설해 가도록 한다.

가까이서 보는 지붕의 종류를 이하에 소개한다.

❶ 일본식 기와지붕

와가와라(和瓦)는 일본의 대표적인 지붕재이다.

현재에는 지붕 야지(野地)에 기왓살을 박고 그것에 거는, **걸치는 잔와(棧瓦)**가 많이 사용되고 있다. 이것은 지진에도 틀어지지 않는 시공법이다. 점토를 구워서 만든 기와는 내구성도 있고 통기성도 좋아 기와가 쪼개진 경우에도 간단히 교체할 수 있는 뛰어난 재료이다.

02 석면 슬레이트 지붕

석면 슬레이트 지붕은 가볍고 비용도 그다지 들지 않고 색상 변화나 디자인도 풍부하기 때문에 최근에는 주택에 꽤 많이 사용되고 있다. 기와가 쪼개져 교환하는 경우에는 특수 공구를 사용해서 교체할 수 있다.

03 금속판 · 와봉(瓦棒) 지붕

금속판재 지붕은 매우 가볍고 유지보수와 비용도 들지 않고 여러가지 형태의 지붕에 적용할 수 있기 때문에 오랜 시간 토탄 지붕이라는 명칭으로 익숙해져 있다. 금속판에는 여러 종류가 있으며

(a) 일본식 기와지붕(와가와라)의 예   (b) 내부 구조

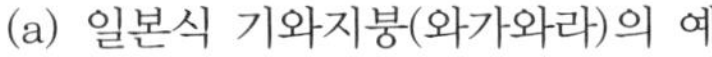

[그림 3.1] 일본식 기와지붕(와가와라)의 대표 예와 내부 구조

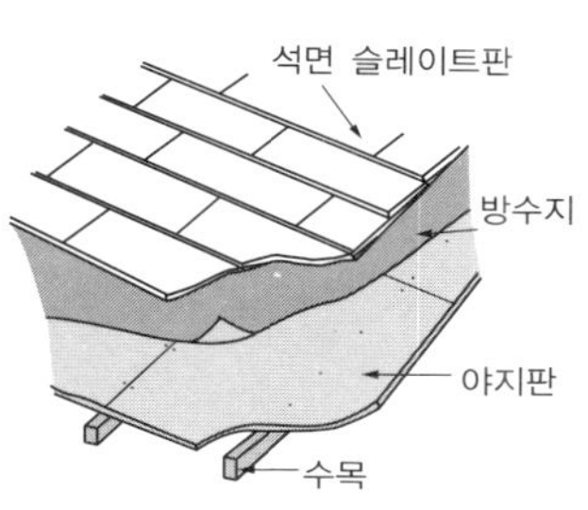

(a) 석면 슬레이트 지붕의 예   (b) 내부 구조

[그림 3.2] 석면 슬레이트 지붕의 대표 예와 내부 구조

(a) 금속판·와봉지붕   (b) 내부 구조

[그림 3.3] 금속판·와봉지붕의 대표 예와 내부 구조

또한 그 시공방법에도 많은 종류가 있다. 기와지붕과의 차이가 여기에 있다. 절이나 신사나 사찰 불각의 지붕과 같이 오랜 세월 충분히 견딜 수 있는 소재를 사용한다면, 일본식 기와보다 관리가 쉽고 유지 보수 없이(maintenance free)도 가능하다. 또한, 주택뿐만 아니라, 대형 건축물에도 그 목적에 따라, 예산에 맞춰 설치할 수 있는 자유도 높은 소재로서 없어서는 안 될 존재이다.

3.2 지붕재의 역할은 무엇인가?

앞에서 논했던 바와 같이 지붕은 열악한 자연조건으로부터 건물과 그 건물에 사는 인간의 생명과 재산을 보호하는 사명을 띠고 있으며 그 가운데서도 지붕재의 역할은 무엇보다도 크고 지붕재의 성능으로 건물의 수명이 결정된다고 해도 과언이 아니다.

지붕을 잇는 재료는 시대의 변천과 함께 진화하고 다양한 상품으로서 출시되었다. 점토계 지붕잇기의 시초는, 아스카(飛鳥) 시대에 조선반도로부터 불교와 함께 야마토 조정에 도입된 기술에서 유래했으며, 한편, 금속지붕의 역사에서 가장 오래된 것으로 여겨지는 것은 나라시대(서기 765년) 니시다이지(西大寺)의 구리기와지붕이다.

지붕재는 크게 '요업계'와 '금속계' 및 '자연계'와 '화학계'로 나눌 수 있다. 금속 전체에 요구되는 성능 가운데, 방수성 · 방화성 · 단열성 · 내풍성 · 내진성 · 통기성 · 내후성 등의 중요한 요소에 덧붙여 '의장성(意匠性)'도 중요한 역할을 담당하고 있다. 또한 채광 · 환기 · 지붕의 융설이나 태양광 발전의 기능을 겸하는 목적으로 개발된 지붕구법도 있다. 그와 동시에 경제성 · 시공성 · 생산 및 시장성을 생각한 것이 지붕재료에 요구되는 성능이며 아무리 뛰어난 지붕재를 채용해도 시공기술에 결함이 있으면 지붕기능을 만족시킬 수 없다.

지붕재의 분류를 **그림 3.4**에 나타냈다.

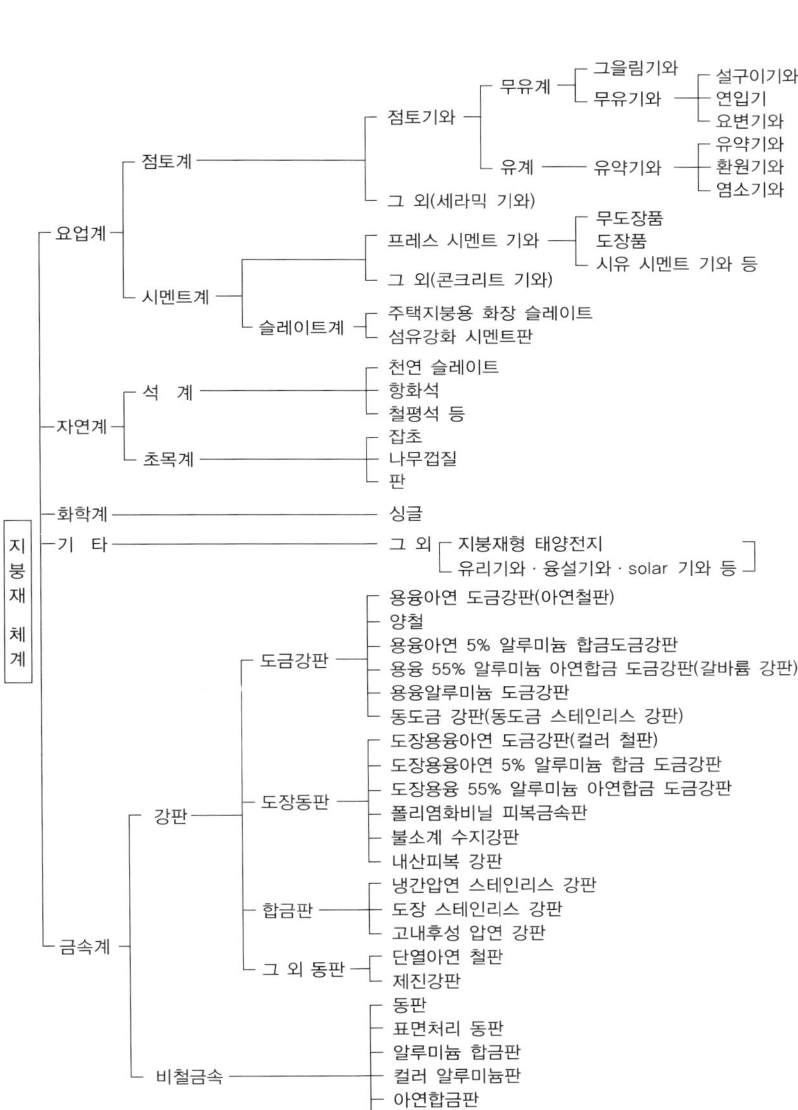

[그림 3.4] 지붕재의 분류

(출처 : 宮野秋彦 감수, 新版屋根の知識, 日本屋根経済新聞社)

3.3 지붕의 구조

지붕에는 열악한 자연환경으로부터 인간의 주거생활을 지키는 **보호기능**과 건물의 내구성을 좌우하는 **방수성**이 중요한 조건으로서 요구되며 이들 기능을 충족시키기 위해 고려해야 할 요소로서 **지붕형태**, **지붕구배**가 있다.

지붕형태는 지붕면의 구조 그 자체이며, 빗물이 떨어지는 방식, 바람에 대한 지붕면의 방향, 눈을 떨어뜨리는 방향 등 지역에 따른 입지조건이 지붕의 재료나 공법에 반영되어 형태가 결정된다. 또한 경사면을 가진 지붕은 바람에 대한 내구력을 갖게 하기 위한 것이며 동시에 지붕재를 겹쳐서 덮음으로써 방수기능을 부여한다. 지붕재료를 일정 단위로 겹치고, 순차적으로 아래에서 위로 겹쳐 쌓아 지붕 위에 빗물이 고이지 않게, 경사를 타고 떨어진 빗물을 가능한 한 빨리 배수해서 지붕 내에 빗물이 침투해 들어오는 것을 막고 누수를 방지하는 것이다. 또 지붕 **겹쳐잇기공법**의 중요한 부분은 방수층의 이중구조에 있으며 1차 방수와 2차 방수로 나눌 수 있다.

1차 방수는 지붕즙재 그 자체의 방수 기능이며, 2차 방수는 지붕면의 틈으로부터 즙재 내부, 나아가서는 지붕 안쪽에 누수되지 않도록 부설(敷設)하는 방수층의 기능이다. 이 이중구조의 작용에 의해 지붕의 방수기능이 구성되는 것이다.

그러므로 태양광 발전 시설을 도입해서 지붕에 태양전지 모듈을 설치할 때 이 중요한 2차 방수층의 기능이 손상되지 않도록 시공자에게는 충분한 경험지식과 고도의 시공기술이 요구되어진다.

그림 3.5에 지붕 겹쳐잇기공법의 원리를 나타내었다.

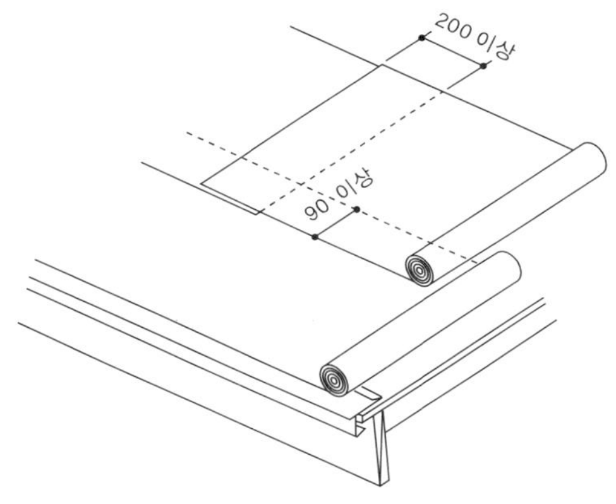

[그림 3.5] 하즙재(下葺材)

[그림 3.6] 주요 금속판재의 공법

❶ 각 부분의 역할

➔ 야지판(野地板) (일본기와의 대표적인 예와 내부 구조 - 그림 3.1 참조)

지붕의 형태를 만드는 기초가 되는 부분으로 **지붕하지**라고도 한다. 이 지붕하지는 두께 12미리 정도의 판으로 구성되며, 수목에 못을 사용해 견고하게 연결한다. 야지판은 이 역할 외에 천정공간을 통해 온 수증기나 습기를 적절하게 흡수하거나, 야지 위로 통과시켜 건물을 호흡시키는 역할을 한다. 최근에는 합판을 야지판으로서 사용하는 경우가 많지만, 천정으로부터 수증기를 통과시키지 못하고 결로를 일으켜 그 영향으로 야지판이 손상되어 버리는 경우도 많이 발견된다. 이러한 사태를 방지하기 위해 **소지붕 뒤쪽 환기**도 신경써야 한다.

➔ 하즙재(방수지)

야지판과 지붕재료 사이에 부설하는 방수층이며, 천정으로부터 올라온 수증기가 직접 지붕재료에 접촉하지 않도록 조절하는 역할과 지붕즙재의 기와가 겹치는 부분이나 즙재의 연결부분으로부터 들어온 빗물이 야지판에 닿지 않도록 빗물을 차단하고, 처마 앞쪽으로 유도하는 역할을 한다.

➔ 지붕즙재

빗물을 직접 받아 1차 방수기능을 함과 동시에, 바람이나 태양광선으로부터의 열선 차단 기능을 발휘하는 부재이며, 일본 고유의 요업계와 금속계 외에 시멘트계 · 슬레이트계 · 싱글계 등의 소재로 분류되고 즙재 공법에 따라 분류되는 많은 지붕 · 공법이

있다. 기와의 경우는 즙재의 형태, 종류에 따라 지붕의 느낌이
달라지고 금속계는 기와잇기 공법에 따라 달라진다.

❺ 특수 형태의 예

또한 특수한 예로서 **평지붕**(물매가 없는 지붕)이라고 하는 형
식이 있는데 지붕을 평탄하게 해서 옥상을 유효공간으로 이용하
는 것이 목적인데 평지붕은 이 목적을 만족시키기 위해 여러 가
지 방수공법이 적용된다.

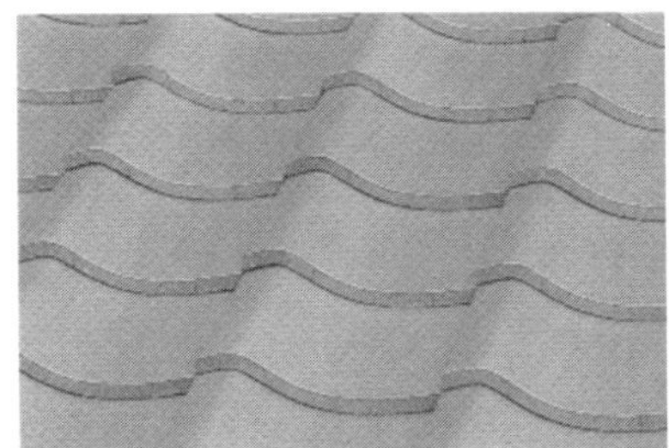

[그림 3.7] 일본기와
(일본기와 주택에 적합)

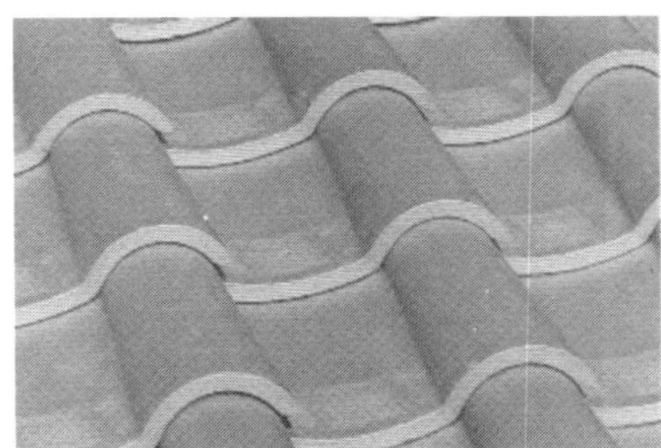

[그림 3.8] S형 기와(클래식 에도 모던
에도 적합한 스페인풍 기와)

[그림 3.9] 본기와(일반적으로 신사불각
지붕에 사용)

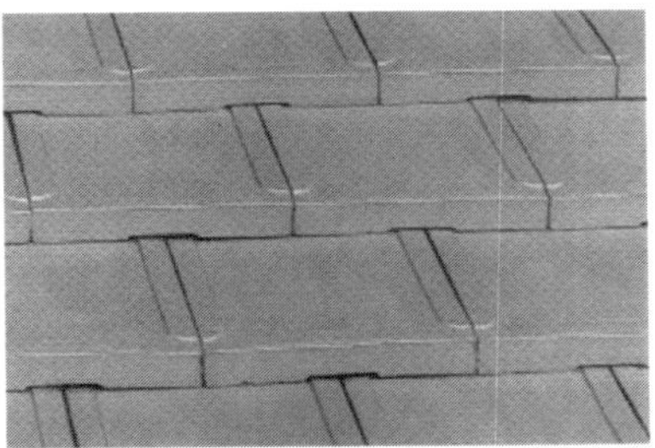

[그림 3.10] 평판기와(북유럽풍의 청초한
느낌으로 모던 주택에 사용)

❷ 강풍에도 지붕이 날아가지 않는 이유

건축물의 지붕기능 중 하나로 **내풍성**이 요구된다. 건축물의 입지조건에 맞춰 강한 바람에 견딜 수 있도록 지붕재나 지붕시공에 관련 시공업자가 건축물의 설계기준에 맞춰 강풍에 대한 **시공기준**으로서 작성된 가이드라인이나, 지붕재 메이커나 시공업자 단체가 작성한 시공기준에 기초한 책임시공을 실천하여 입주자들의 안전을 보장한다. 지붕에 태양광 발전 설비를 설치하고자 한다면 더욱 복잡한 지붕공사가 필요하므로 신뢰할만한 전문 공사업자에게 맡기는 것이 바람직하다.

특수한 지역이나 높은 곳에서의 건축, 땅 지면의 높이가 있는 건물에 대해서는 금속계·요업계·시멘트계·슬레이트계의 어느 쪽이든지 바람의 압력을 계산하고 그 조건(내풍기준)에 적합한 시공 방벅을 선택하여 시공한다.

예 1 기와재 지붕의 경우

일반 지역에서의 시공은 건축기준법의 바람하중규정에 기초해 기와지붕 표준설계·시공가이드라인을 작성하여 표준지역에서는 이것을 시공기준으로 한다. 강풍지역이나 고층 건축물에 대해서는 방재기와라는 명칭으로 기와의 지지력을 향상시켜 바람에 견디는 힘을 갖도록 한 것도 있다.

예 2 금속재 지붕의 경우

금속재의 경우도 마찬가지로, 건축기준법의 바람하중규정에 따라 동판제 지붕구법기준책임·시공보증제도에 기초한 시공을 기본으로, 또 강풍지역이나 특수 건축물에서의 시공은 특수 조건에 맞춘 엄격한 사양에 의한 시공으로 대응하고 있다.

예 3 시멘트계

시멘트계에서는 슬레이트 지붕이 일반적으로 많이 알려져 있으며 이 경우에도 기와재나 금속재와 마찬가지로 건축기준법의 규정에 근거하여 표준공법과 특수 조건의 규정을 두고, 그에 기초해 시공한다.

예 4 내풍시험장치

현재 지붕재의 내풍성 평가 시험규정은 없으며, 지붕재 메이커가 건축기준법에 기초한 일정 기준을 두고, 사내 시험을 실시해 내풍성 확인하고 있다. 이 시험장치의 개요를 **그림** 3.11에 나타냈다.

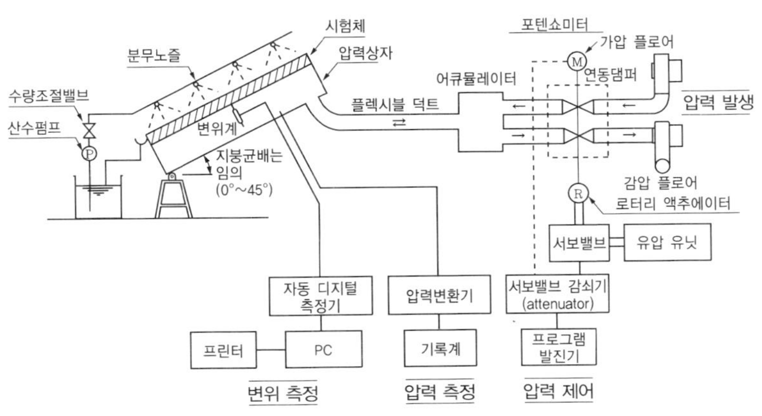

[**그림** 3.11] 지붕용 동풍압 시험장치(출전 : 건설재료시험센터)

칼럼 지붕에 올라가는 방법에는 정해진 바가 있는가?

지붕은 높은 곳이며 항상 추락이나 미끄러 떨어질 위험이 동반되어 전문공사업자조차도 매해 몇 명씩 떨어져 다치곤 한다. 긴급을 요하는 경우를 제외하고는 지붕 전문 공사업자에 의뢰하는 것이 현명하다고 할 수 있다. 그러나 아무래도 시공주가 직접 확인하기 위해 지붕에 올라가야 하는 상황도 발생할 수 있을 것이다. 그 때는 사다리를 안전한 각도로 세우고 쓰러지지 않도록 지반을 확인하고 미끄러 떨어지는 것을 방지하기 위해 미끄럼 방지 신발을 신는 것 외에 로프나 헬멧 등 안전대책을 해 두는 것이 중요하다. 여기에서는 만일의 경우에 대비해 지붕 위에서 걸을 때의 주의점을 소개한다.

① **일본식 기와지붕**의 경우, 기와의 골부(谷部)를 걷도록 하며, 발을 기와가 서로 겹쳐 잇대어진 부분에 맞춰 걷는다. 산부(山部)와 산부(山部)에 발을 걸치면 기와가 쪼개져 버리는 경우가 있다. 특히, 유약을 바른 기와는 신발에 물기가 있으면 미끄러질 위험과 동시에 지붕을 파손할 염려가 있다. 또한, 지붕경사가 급격하므로 지붕에 올라갈 때에는 주의를 요한다.

② **파형 슬레이트재**의 경우는 지붕하지에 고정시킨 후크볼트나 못 등의 하지가 있는 부분만을 걷고 그 외의 부분에는 올라가지 말 것(또는 후크볼트를 따라서 걸을 만한 판자를 설치하고 그 위를 걸을 것) 슬레이트가 깨져 떨어질 염려도 있다.

③ **평형 슬레이트재** 지붕(컬러 베스트 지붕)의 경우, 지붕 위는 조심해서 걷고 쪼개져 있는 지붕재 위에는 올라가지 않도록 조심하자. 밟아서 지붕재가 깨져 버리고 깨진 지붕재에 올라가 미끄러져 떨어지는 일도 있으므로 주의가 필요하다.

④ **금속재** 지붕의 경우는, 지붕경사가 비교적 적은 경우가 많고 지붕재가 깨질 염려는 없다. 그러나 전락의 위험이나 지붕재의 도장 막면 손상, 신발 바닥의 돌기로 인해 지붕에 구멍을 내거나 지붕재의 조합 부분을 망가뜨리지 않도록 주의를 기울여야 한다. 지붕에 올라갈 때에는 헬멧을 착용하고 잘 미끄러지지 않는 신발을 신는 것 외에 신발 바닥의 더러움이나 바닥에 박힌 작은 돌멩이를 제거하고 깨끗이 하고 나서 지붕에 올라가는 등의 배려가 필요하다.

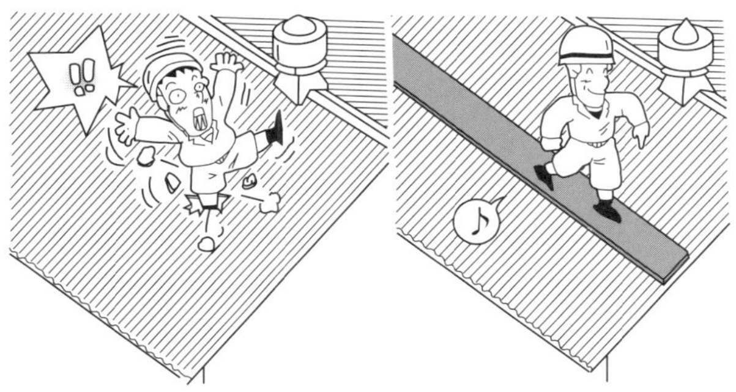

[**그림 3.12**] 슬레이트 지붕 위를 걷는 법

⑤ **지붕에 사다리를 놓는 경우**에는 위험이 따르므로 우선은 튼튼한 사다리인지를 확인하고 사다리 거는 각도와 지반의 확인(연약지반에서는 사다리가 깊이 들어가 박히지 않는 대책을!)하고 사다리가 옆으로 넘어지는 일이 없도록 충분한 대책과 배려를 하는 것이 중요하다. 또한 지붕재의 처마 끝에는 빗물 통을 망가뜨리거나 지붕의 처마 끝을 망가뜨리지 않도록 양생을 하는 것도 중요하다.

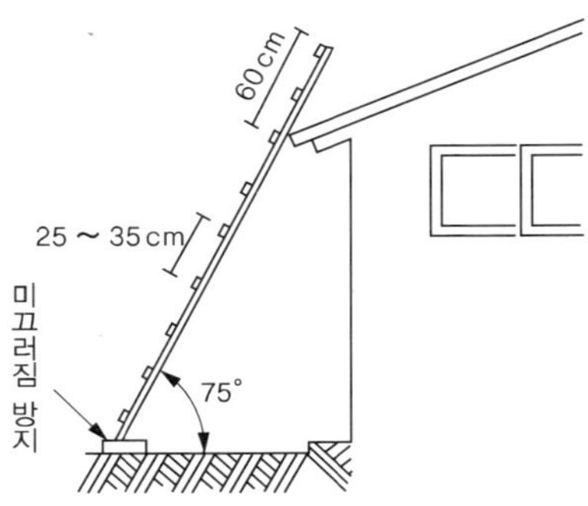

[그림 3.13] 사다리 설치법

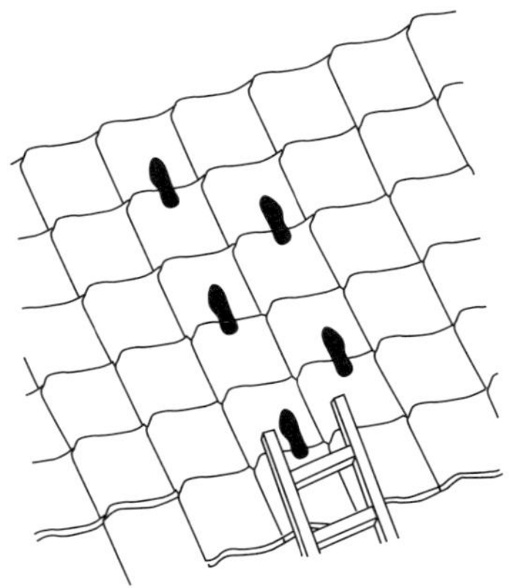

[그림 3.14] 기와지붕 위를 걷는 법

⑥ **지붕에 올라갈 때**의 주의점으로서, 일본기와의 경우는 용마루(棟)이나 내림용마루(처마쪽의 용마루장식), 골부(谷部) 등의 위에 올라가 지지물을 깨거나 용마루에 쌓은 기와를 무너뜨리거나 하지 않도록 한다. 또, 금속재 컬러베스트재 등의

지붕은, 처마옆·처마끝·용마루를 싸는 부분의 부재에 올라가 휘게 하거나 망가뜨리거나 하지 않도록 항상 지붕 위를 걸을 때의 위험성을 파악하고 미끄러지거나 넘어져 떨어지지 않도록 주의하며, 그로 인해 지붕의 방수기능이 손상되지 않도록 주의해야 한다.

4.1 지붕형상을 고려한다

경사진 지붕을 만들려면 평면과 곡면의 조합이 필요하며 이 중
곡면은 평면을 구부린(평면에 붙인 것, 반대인 것) 형태의 것과
곡면 자체가 지붕형상이 되는 것으로 크게 나눌 수 있다.

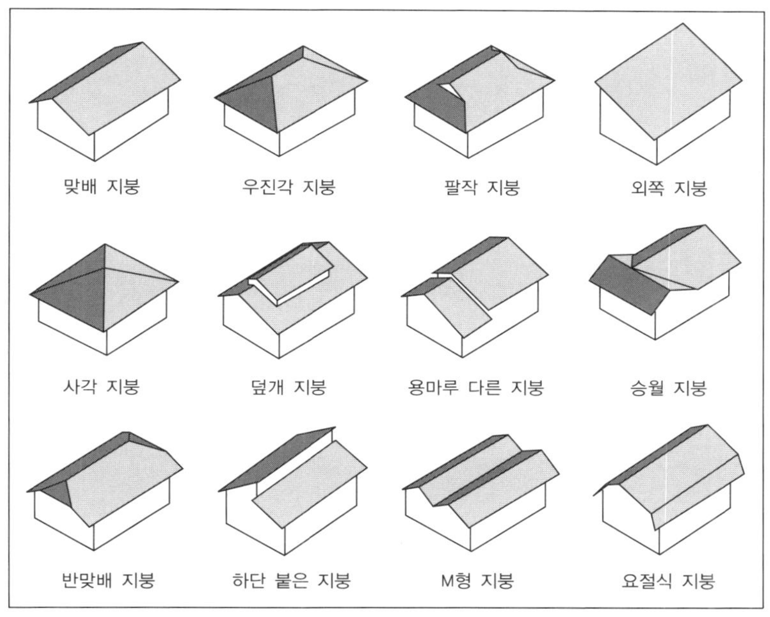

[그림 4.1] 지붕의 기본형상
(출처 : 宮野秋彦 감수, 新版屋根の知識, 日本屋根経済新聞社)

이때 지붕면의 수로 기울어진 지붕형상을 구분하면 **그림 4.1**과 같다. 면수가 적은 것이 지붕면을 서로 붙인 부분이 적어 비가 올 때 약점이 되는 요소를 줄일 수 있으므로 지붕으로서의 기능을 생각할 때 우선적으로 지붕형상을 고려한다.

4.2 지역성, 기후특성, 설치장소를 고려한다.

❶ 지역성

태양전지 모듈을 설치할 경우 일본은 남북동서로 길고, 강풍지역과 강설지역, 염해지역 등 지역에 따라 기상조건이 다르게 나타난다. 지역 특성에 적합하도록 하려면 보통 태양전지 형식(비정질계 · 결정계)과 설치방법(지붕설치형 · 지붕재형 · 평지붕형)에 따라 계획을 세우게 된다. 강설지역이나 저온지역에서는 적설과 결빙 등을 고려하여 설치방법을 생각하여야 한다.

❷ 기후 풍토

기후가 온화하고 일조시간도 충분할 경우 비정질계 태양전지를 사용하여도 양호한 효율을 갖는 발전을 기대할 수 있다. 이와는 대조적으로 기온이 낮으나 일조가 풍부한 경우는 결정계 태양전지가 바람직하다. 해안에서 바람이 강하게 불고 일조는 일년 평균으로 표준인 경우 지붕재료형(아몰퍼스계 · 결정계)에서와 같이 기상조건과 입지조건을 모두 고려하여야 한다. 아울러 건축기준법을 준용하고 태양전지 모듈의 선택과 설치방법을 적절하게 고려하면 건물에 부담을 주지 않는 효율적인 운용이 가능하다.

❸ 설치장소를 고려한다

기울어진 지붕의 방향은 태양전지의 발전효율을 결정하는 중요한 요소이다. 다음 포인트를 고려하면서 태양전지 모듈의 설치면을 결정하기 바란다.

- **포인트** ① 일반적으로 정남향에 가까운 지붕면에서 발전효율이 최대가 된다.
- **포인트** ② 여러 개의 지붕면에 설치하는 경우 **표 4.1**의 우선순위에 따라 선정한다.
- **포인트** ③ 지붕 경사각은 어느 정도 발전효율에 영향을 미치지만, 2~3% 정도여서 문제 시 할 정도는 아니다. 따라서 지붕형상을 고려하여 설치하면 큰 문제는 없다.
- **포인트** ④ 인접한 맨션·구조물·나무 등에 의해 그림자가 생기면 발전량에 영향을 미치게 된다.
- **포인트** ⑤ 이 외에도, 설치면의 선정과 설계 시 주의할 점은 다음과 같다.
    - 지붕 위의 유리창이나 안테나, 기타 돌출물이 있는 경우는 태양전지에 영향을 주지 않도록 주의가 필요하다.
    - TV 또는 무선 안테나를 설치하는 경우는 지지대가 태양전지 위에 올라가지 않도록 설치·시공방법의 검토가 필요하다.

[표 4.1] 지붕의 방위와 경사각도에 따른 발전량 비율
(방위각 0°(남쪽), 경사각 30°를 100으로 한 비율)

(아몰퍼스(비정질계))

		방위각					
		0°	15°	30°	45°	90°	180°
	수평면	89.3	89.3	89.3	89.3	89.3	89.3
	10°	95.1	94.9	94.2	93.1	88.3	81.5
경사각	20°	98.7	98.3	97.0	94.9	85.9	71.9
	30°	100.0	99.4	97.5	94.7	82.2	61.2
	40°	99.0	98.2	96.1	92.7	77.7	52.0

(결정계)

		방위각				
		0°	15°	30°	45°	90°
	수평면	88.4	88.4	88.4	88.4	88.4
	10°	94.3	94.1	93.4	92.3	87.6
경사각	20°	98.2	97.8	96.6	94.6	85.8
	30°	100.0	99.6	97.8	95.1	82.8
	40°	99.7	99.0	97.0	93.6	78.9

[선정순서]

태양전지 모듈을 설치할 때 지붕면의 선정순서는 '비정질계'와 '결정계'에서는 태양광선에 의한 모듈 온도상승을 고려하여야 한다. 이는 비정질스계는 온도가 올라가면 어닐효과에 의해 발전효율이 올라가며, 결정계의 경우는 온도상승으로 발전효율기 떨어지는 특성이 있기 때문이다. 따라서 외부 온도의 상승에 의한 출력특성의 영향을 포함하여 설치면의 순위를 결정할 경우 다음과 같은 선정순서를 정할 수 있다.

• 비정질 태양전지의 경우
①남쪽면→②서쪽면→③동쪽면→④북쪽면

• 결정질 태양전지의 경우
①남쪽면→②동쪽면→③서쪽면

[비고] 지붕의 경사각만 고려 시 발전량의 차이는 수 % 정도이며 주택지붕면에 설치 시 지붕경사는 크게 문제가 되지 않음을 표에서 알 수 있다.

- 기름 배출과 연기 또는 세제나 냉각수 등이 태양전지에 닿게 되는 장소는 무엇보다 먼저 그러한 상황이 발생하지 않도록 고려하여야 한다.
- 태양광 발전 어레이는 지붕 밑에 견고하게 연결하는 것이 설치상 가장 바람직하다. 온수기를 지붕 위에 설치하면 못·와이어 등에 의해 바람하중을 받아서 장기적으로 신뢰성이 떨어지므로 이를 피하는 것이 좋으며, 사전에 시공계획에 대해서 검토와 확인이 필요하다.

4.3 설치환경과 설치조건에 적합한 선택

앞에서 설명한 설치에 관한 여러 조건은 자연환경에 대한 것으로서, 본 절에서는 주택지붕 위의 설치조건에 대해 검토하기로 한다. 신축, 기존 건축, 증·개축에 관계없이 여러 제약 중에서 가장 양호한 발전을 위한 설치계획을 세워야 한다.

다음에 모듈설치와 접속방법에 대해서 생각해 보기로 한다.

01 지붕설치형

지붕설치형은 건물의 신축, 기존 건축에 관계 없이 비교적 손쉽게 설치할 수 있다. 그러나 지붕과 주택의 성능에 따른 영향도 크다는 사실을 인식해야 한다.

4.1절에서 설명한 것처럼 지붕면의 수가 적은 것이 비교적 손쉽게 태양전지 모듈을 설치할 수 있다. 설치할 지붕면이 여러 개

있는 경우 설치면마다 태양전지 모듈의 직렬수를 같도록 하는 것이 중요하다. 또한 인접 지붕면에 태양전지를 설치하여 직렬수의 단자수가 발생하는 경우 용마루를 걸쳐서 태양전지 모듈의 접속은 피하는 것이 중요하다. 동시에 접속전선의 노출부분에 손상이 없도록 하고 접속 컨넥터 부분이 장기간에 걸쳐 신뢰성을 확보할 수 있도록 하는 것 역시 중요하다.

최근에 들어 승압회로를 설치한 접속상자와 승압회로만으로 구성된 상품들이 시중에 나와 있어서 일직렬(string, 스트링)의 모듈 매수가 부족할 경우 유용한 수단으로 활용할 수 있다. **그림 4.2**에 태양전지 모듈의 접속회로를 정리하였다.

여기서는 태양전지 모듈을 지붕에 설치할 경우 정해진 지붕면적으로부터 양호한 효율을 얻을 수 있도록 모듈을 지붕에 레이아웃 하는 방법에 대해 설명한다.

➡ 그림자의 영향에 따른 태양전지 출력 · 승압회로

(1) 출력저하가 작아지는 예

나무 또는 건물에 의해 그림자가 생긴 경우를 가정하자. **그림 4.3**에서 처럼 앞 쪽에 그림자가 있는 경우 태양전지는 옆으로 직렬접속되어 그림자에 의한 영향을 받는 부분은 앞 쪽에서 2개 회로가 된다. 겨울에 눈이 이 범위로 쌓인 경우로 가정하여도 영향은 2개 회로만 받게 되며, 다른 회로전압은 한 개 모듈 직렬분의 배수가 되어서 1 스트링당 전류는 변함없고, 4개 회로가 받는 영향은 거의 없다.

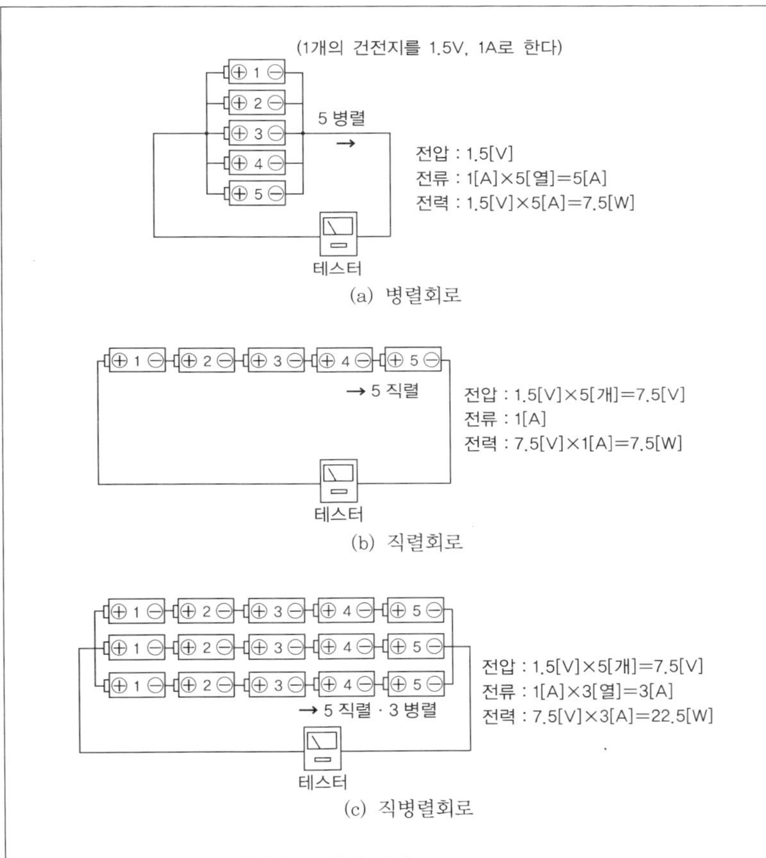

(a) 병렬회로

(b) 직렬회로

(c) 직병렬회로

[해설] 태양전지 모듈은 직렬수를 같게 한다.

태양전지 모듈을 건전지 1개로 바꾸어서 생각해보자.

태양전지 어레이 회로는 그림과 같이 건전지의 직병렬회로와 같다. 이중에서 한 개의 직렬회로를 1 스트링이라 부른다. 그림에서 세 개의 회로가 병렬로 되어서 3 스트링 또는 3회로라고 한다. 지붕 위에 설치하는 태양전지 모듈의 전체는 어레이라는 명칭을 사용한다.

직렬회로 중에서 1개 또는 2개의 건전지 전압이 작아지면 직병렬회로에서는 전체 출력전압에 영향을 주기 때문에 같은 전압의 건전지를 사용하게 될 것이다. 태양전지에 접속하는 경우에도 같은 사양의 모듈임을 확인한 후 설치하여야 한다.

[그림 4.2] 태양전지 모듈 접속회로

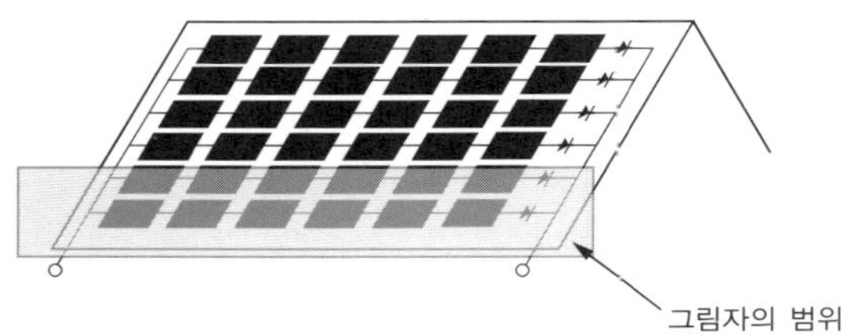

[**그림 4.3**] 출력저하가 작아지는 예

(2) 출력저하가 커지는 예

그림 4.3과 같은 조건에서 그림 4.4의 경우를 생각해 보자. 모듈은 지붕의 경사를 따라 종방향으로 접속되어 있다. 앞 쪽에 위치한 모듈에 그림자가 존재하고 모든 회로는 그림자(또는 쌓인 눈)에 의해 영향을 받게 되어 전체 회로의 출력전압은 낮아지게 된다. 각 스트링의 전류는 변하지 않지만 그림 4.5에 나타낸 것처럼 바이패스 소자(Db)의 작용으로 모듈의 출력이 없어지면 회로는 바이패스(by pass)되어 모든 스트링의 출력전압은 낮아지므로

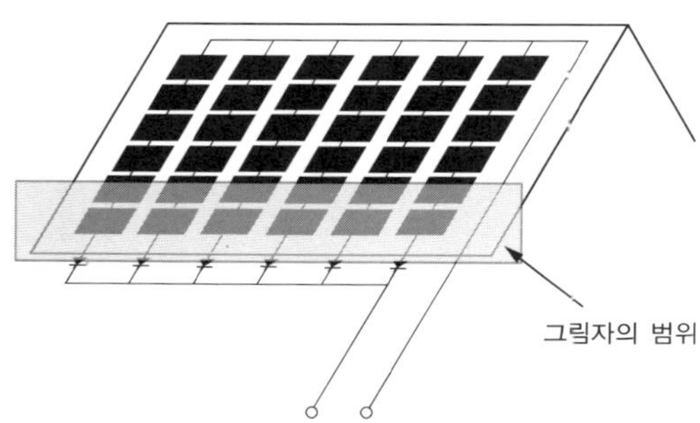

[**그림 4.4**] 출력저하가 큰 경우의 예

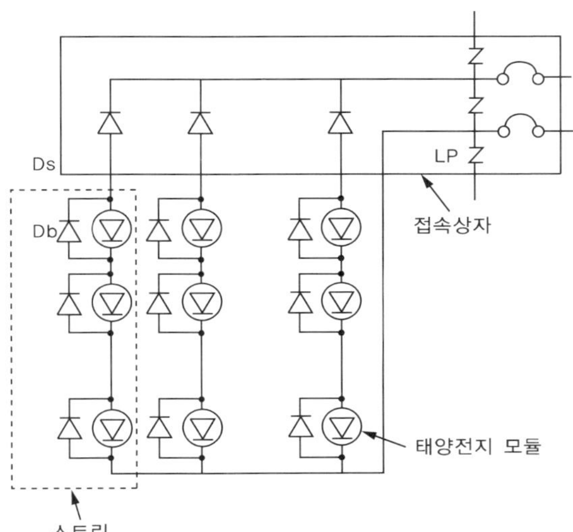

(주) Ds : 역류방지 소자, Db : 바이패스 소자 LP : 피뢰 소자

[그림 4.5] 태양전지 어레이 전기회로

결국 출력은 작아지게 된다. 그림 4.3과 비교하면 모든 회로의 전압이 낮아지면 출력전력에 영향을 미치는 것을 알 수 있다.

(3) 승압회로를 사용한 예

예를 들어 그림 4.6과 같이 지붕면의 일부가 건축기준법에 규정한 사선 제한을 받아서 지붕 높이를 일부 낮추어야 하는 경우를 가정하자. 태양전지 모듈 설치 시 하나의 스트링에 설치상 장애가 발생하여 다른 회로와의 전압에 불균형을 가져올 수 있기 때문에 스트링 전압을 같게 하기 위해 승압회로를 사용한다.

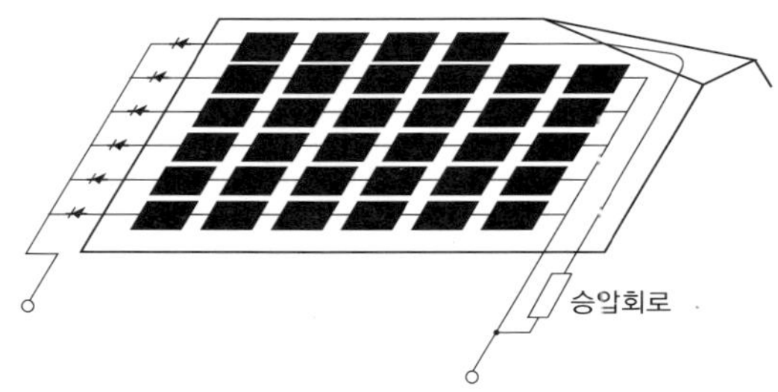

[**그림 4.6**] 승압회로를 사용한 예

※ (2)항에서 설명한 것처럼 태양전지의 특징으로 어느 정도의 광량이 있으면 모듈의 출력전압은 카타로그 사양에 근접한 전압을 얻을 수 있다. 출력전류에 있어서는 정격출력을 얻기 위한 조건으로 태양전지 모듈면에 충분한 태양광선이 필요하다. 다시 말해 출력전류는 날씨에 크게 좌우된다고 할 수 있다.

이와 같은 이유로 어레이를 구성하는 태양전지의 직렬회로는 파워 컨디셔너 입력전압 범위의 최댓값에 가깝게 설정한다. 전력을 구하는 계산식은 다음과 같다.

$$전력[W] = 전압[V] \times 전류[A]$$

위 식으로부터 알 수 있듯이, 태양에너지를 받아서 발생하는 태양전지의 발생전압이 크게 변하지 않는다면 출력전류에 영향을 받게 될 것임을 판단할 수 있다. 또한 **그림 4.7**에서와 같이 인버터 출력이 입력전압의 영향을 받기 때문에 정격입력전압에 가까운 범위에서 인버터를 운전하는 것이 기구의 성능을 살리는 운용

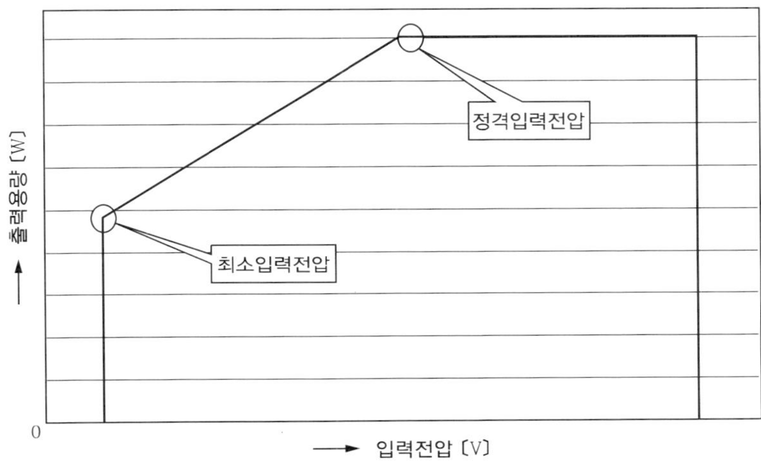

[그림 4.7] 출력용량의 입력전압 의존성(사용 높이 0m~1,000m)

방법일 것이다. 따라서 날씨의 영향을 낮추려면 태양전지 모듈의 직렬수를 지붕면의 가능한 범위에서 많이 배치하는 레이아웃 패턴을 취하는 것이 효율을 높이는 시스템 설계가 될 것이다.

일반적으로 그림자가 나타나지 않는 방향으로 직렬로 배선하는 것이 바람직하지만, 실제로는 하루 동안에 변화하는 그림자 도면을 작성하여 배선계획을 세우게 된다.

◑ 지붕설치형의 사례

그림 4.8~그림 4.13에 지붕설치형 태양광 발전시스템의 설치 예를 나타냈다.

[그림 4.8] 맞배지붕, 슬레이트 기와
(출처 : 쿄세라(주))

[그림 4.9] 맞배지붕, 슬레이트 기와,
설치부 : 기와봉
(출처 : 쿄세라(주))

[그림 4.10] 닻배지붕, 슬레이트 기와,
설치부 : 기와봉
(출처 : 히라노공업(주))

[그림 4.11] 맞배지붕, 도기 기와
(출처 : (주)지붕기술연구소)

[그림 4.12] 맞배지붕, 슬레이트 기와
(출처 : (주)구보타)

[그림 4.13] 맞배지붕, 일본식 기와
(출처 : (주)구보타)

02 지붕재형

앞에서 설명한 것과 같이 지붕재료형에 대해서도 모든 기능과 취급법은 동일하다. 다만 모듈 형태가 사용목적에 맞도록 달라진다.

지붕재료형은 태양전지 모듈과 지붕재료를 복합화한 것으로 지붕재로서 취급할 수 있어서 기능성(단열 · 소리 차단) · 디자인 면에서 특징이 있다. 지붕구조에 걸리는 하중부담을 줄이도록 한다. 향후 기대되는 부분으로는 고효율이며 저가격의 태양전지 모듈이 출현하기를 기대하고 있다. 또한 적설량이 많은 지역에는 추가 기능으로서 태양전지와 특수 히터를 조합한 형태의 태양광발전 시스템의 사례도 있다. 태양전지 모듈 접속 시 주의할 점은 앞에서 설명한 기준에 따른다.

지붕재료형의 사례

그림 4.14 및 4.15에 쿄세라(주)의 예를 나타냈으며, 그림 4.16과 4.17에 (주)구보타의 사례를 나타냈다.

[그림 4.14] 에코노 루프(1)

[그림 4.15] 에코노 루프(2)

[그림 4.16] 에코로니(1)

[그림 4.17] 에코로니(2)

4.4 신축주택 · 기존주택 · 주택의 증개축에 있어서 설치조건과 유의사항

01 신축주택 · 기존주택 · 증개축에 있어서 공통 주의사항

① 실내에 설치하는 파워 컨디셔너의 설치공간은 충분히 확보되어 있는가.(통풍을 위한 공간 확보 · 목욕탕이나 부엌에서 발생하는 증기와 기름 연기로부터 단절은?) 설치 후 유지보수 작업이 가능한 공간은 비워두어야 한다.

② 접속상자의 설치장소는 통풍이나 습기를 고려하여 배치 후 점검 시 문을 열고 닫을 수 있도록 주변에 물건을 놓아두지 않는 장소를 선정한다. 또한 설치 후 점검 등을 위해 접속상자를 개폐할 수 있도록 고려한다.

③ 배전반에 연계된 차단 스위치의 설치공간은 있는가. 아울러 배전반을 태양광 발전용 배전반으로 교체하는 것이 바람직한 경우도 있다.

④ 표시기(컨트롤러) 부착장소를 선정하고 주변을 확인하며, 어린이의 손이 닿지 않는 적절한 높이를 선택한다.

⑤ 전력회사로부터 인입선은 단상 3선식인가 (단상 2선식인 경우도 있으므로 사전에 확인이 필요하다. 2선식의 경우는 전력회사와 상담한다.)

⑥ 태양광 발전설비의 설치공사 중에 태양광에 의해 각각의 태양전지 모듈이 발전을 하기 때문에 감전이나 접속전선의 단락(쇼트)에 주의한다.

⑦ 태양전지 모듈의 접속 수가 많아질수록 전압이 높아져 위험하므로 설치한 모듈을 차광 시트 등으로 덮어둔다.

⑧ 스트링(회로)마다 접속한 전선의 단말 컨넥터 부분이 단락되지 않도록 절연처리를 하여야 하며 공사 중에 비가 내릴 경우를 가정하여 방수처리(비닐 봉지를 덮는다) 등을 시행할 필요가 있다.

⑨ 접지(어스)는 접지저항 100Ω 이하(D종 접지공사)를 확보하여야 하며, 동시에 접속상자 · 파워 컨디셔너 · 태양전지 어레이에 대해서도 접지가 되어 있는지를 확인한다.

⑩ 파워 컨디셔너를 여러 대 설치하는 경우 병렬로 가지런히 설치하는 것이 표준이 된다. 공간 때문에 아래 위로 겹쳐놓아야 할 경우는 다른 기구에서 방출한 열기가 인접한 기구의 냉각에 영향을 주지 않도록 냉각에 관해서 대책을 세운다.

그림 4.18에 파워 컨디셔너를 여러 대 설치한 예와 설치간격 수치를 보여주고 있다.

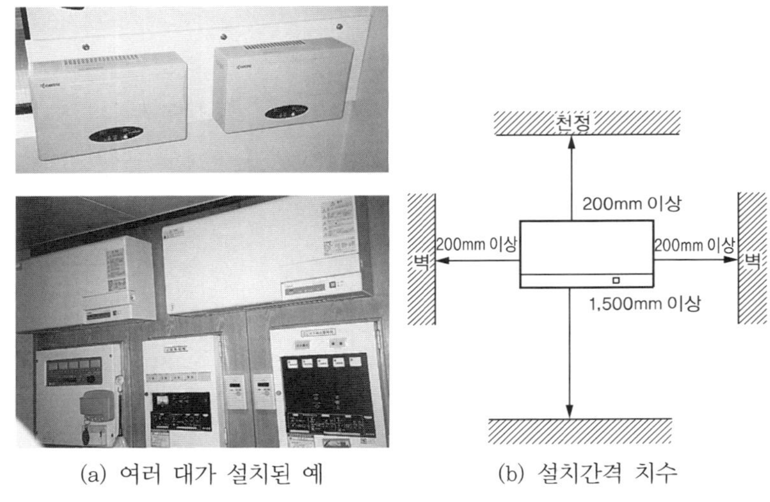

(a) 여러 대가 설치된 예   (b) 설치간격 치수

[그림 4.18] 파워 컨디셔너의 설치 예

❷ 기존 주택의 경우

기존 주택의 지붕에 태양광 발전 유닛을 설치하는 경우에 주의 사항을 다음에 열거한다. 우선 다음 주의사항을 하나씩 점검하여 야 한다.

① 설치하고자 하는 지붕면의 방향과 각도를 확인

② 건물이 10년 이상 지난 경우는 지하면의 견디는 힘이 충분한 지를 확인

③ 태양전지 어레이의 설치범위를 설정하였는지(아래 (1)항 참조)

④ 현재, 비는 새고 있지 않는지 지붕재의 균열은 없는지를 지붕 위에서부터 충분히 점검한다.

⑤ 가능하면, 천정에서부터 지붕 내부 등을 살펴보고 지붕구조에 해당하는 부분을 조사하여 필요에 따라 대책을 강구한다.

⑥ 4.3절의 설치조건을 확인한다.

⑦ 지붕재의 종류와 부착용 지지대를 확인하고 검토한다.

⑧ 안전을 위해 바람하중을 확인한다(바람하중 계산용 소프트웨어 이용, 다음의 (2)항을 참조).

⑨ 지붕 하지 확인 1 – 발전설비의 적재하중에 견딜 수 있는 지를 검토

⑩ 지붕 하지 확인 2 – 정압 · 부압의 하중에 견딜 수 있는지를 검토

⑪ 하부재의 신뢰성에는 문제가 없는가.(판단기준의 근거로서 하부재의 특성 확인)

예 하부재(아스팔트 루핑 등이 깨어져 있지는 않는가.)

⑫ 지붕재의 내구성에는 문제가 없는가.(동시에 야지판의 부식은 없는가를 확인)

⑬ 지지 부속품과 지붕재와의 호환성은 양호한가.
(지붕재의 형식에 따라 업체의 부품에 따라 설치 불가능한 경우가 있음)

⑭ 지지방법에서 못 또는 와이어로는 신뢰성이 떨어지면 이 경우는 피하는 것이 바람직하다.

⑮ 접속전선의 인입은 가능한가.(누수가 일어날 염려는 없는가)

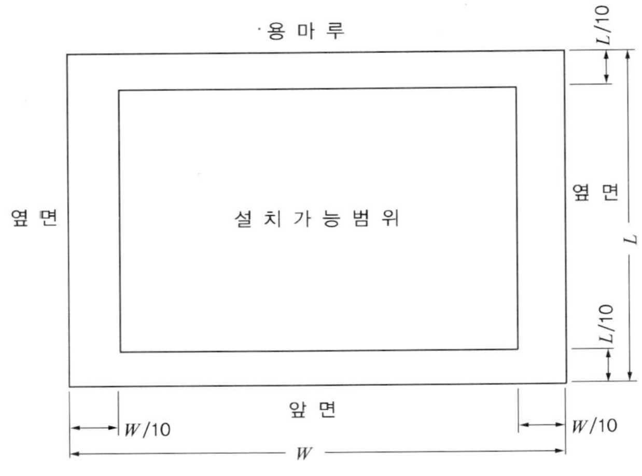

[그림 4.19] 태양전지 어레이 설치범위의 설정방법

(1) 태양전지 어레이 설치범위의 설정방법

태양전지 모듈은 그림 4.19에 나타낸 범위에 설치하는 것이 바람직하다. 지붕의 앞부분이나 측면에서는 바람하중에 대한 내력(耐力)과 유지보수를 위한 유효 공간의 확보가 필요하다. 또한 지지부품이나 지지대의 대책을 수립한 경우에는 이 범위로 제한되지는 않는다.

(2) 태양전지 어레이의 설치 가능한 범위가 결정된 경우

태양전지를 설치할 수 있는 범위가 결정되면 태양광 발전 시스템의 팜플릿에 수록되어 있는 사양을 참고하여 해당 지붕에 탑재 예정인 태양전지 패널 1장당 점유면적을 산출한다. 이후, 다음 식에 의해 이 범위에 설치할 태양전지 패널의 설치 가능한 매수를 산출한다.

$$\text{최대 설치 가능 매수} = \frac{\text{설치 가능 면적}}{\text{태양전지 패널 1매당 면적}}$$

이후 파워 컨디셔너의 정격입력전압을 1매의 태양전지 모듈 최대 출력동작 전압으로 나누면 1 스트링당 태양전지 모듈 직렬 매수를 산출할 수 있다. 특히 모듈 1 직렬당 점유면적을 산출하고 그 산출면적에서 최대 설치 가능한 면적을 나누면 스트링(회로) 수가 결정된다. 이들 수치를 바탕으로 어레이의 설계(바람하중 · 지지방법 · 시스템 탑재 전력용량 등)에 대한 개요를 검토, 설정할 수가 있다.

$$\text{1 스트링(회로)의 태양전지 모듈 직렬매수}$$
$$= \frac{\text{파워 컨디셔너 정격입력전압}}{\text{모듈 1매의 최대 출력 동작전압}}$$

$$\text{스트링(회로) 수} = \frac{\text{최대 설치 가능 면적}}{\text{1 스트링(회로)의 점유면적}}$$

(3) 바람하중 계산 소프트웨어의 응용

인터넷을 활용하거나 시판되고 있는 지붕의 바람하중 계산 소프트웨어를 활용함으로써 태양광 발전 설비의 설치에 해당하는 설치장소의 풍압에 대해 필요한 설치내력을 확인할 수 있다. 이들 수치로 충분히 견딜 수 있는 설치방법을 검토하면 만족스런 공사가 이루어 질 수 있다.

다음 그림 4.20에 바람하중 계산 소프트웨어와 구입 연락처를, 그리고 그림 4.21~4.23에 출력 사례를 나타냈다.

상품명 : 풍압산정 소프트 2002년판
금액 : 2,400엔(세금 별도)
구입선 : 사단법인 일본금속지붕협회
소재지 : (우) 103-0025
　　　　　東京都 中央區 日本橋 堀留町 2-3-8
　　　　　田源 Building
전화 : 03-3639-8954
FAX : 03-3639-8932

[그림 4.20] 풍압산정 소프트웨어

제출처　　　　　　　　　　　　　　　　　　　　　년　　월　　일

　　　　　　　　　　　　　귀하

물건명

　　　　　　　　　　　　　　　　　　제출기업명 · 부서

　　　　　　　　　　　　　　　　　　담당자명
　　　　　　　　　　　　　　　　　　주소

　　　　　　　　　　　　　　　　　　TEL · FAX
　　　　　　　　　　　　　　　　　　E-mail

풍압검토서

의뢰하신 상기 물건에 대하여 풍압 검토를 실시하고 참고자료로 제출합니다.
풍압계산은 12년 건설성 고시 제1458호에 근거하여 (사)일본금속기와협회의 계산양식에 따라 실시하였습니다.

[그림 4.21] 풍압 검토서 서식

풍압 계산서(계산값이며, 보정값은 아님)

일본금속기와협회양식

건축지역	관동 (關東)			
도시계획구역 유무	유			
건물높이	12.00m			
기와형식	맞배지붕			
기와경사	4.5치			
건물형식	폐쇄형			
기준풍속(V_0)	36m/s			
지표면 조도구분	Ⅲ			
a'	7.00m			
최대풍력계수(Cf)	맞배지붕	일반부		-2.5
		준국부		-3.2
		국부		-3.2
		초국부		-4.5
평균속도압력(q)	529 N/m^2			
레벨계수(x)	1.0			
풍압 (w = Cf × q × (X))	맞배지붕	일반부		-1,322 N/m^2
		준국부		-1,692 N/m^2
		국부		-1,692 N/m^2
		초국부		-2,363 N/m^2

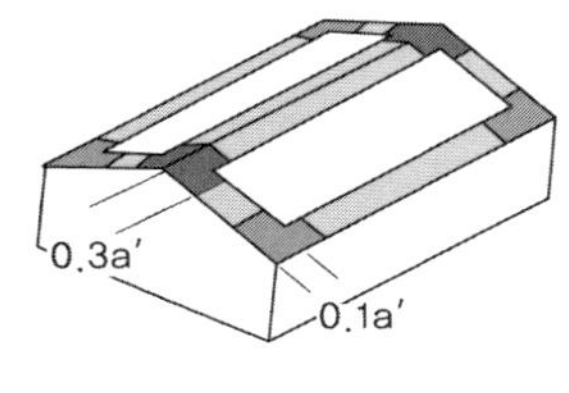

[그림 4.22] 풍압 계산서 기입 예

풍압 계산 양식

① 지역(기준 풍속)의 설정　　　　　　　　　　　(사)일본금속기와협회양식

기준치	다른 치수의 지역		
홋카이도 ○(오른쪽 지역 외)	○ 이소야군, ·		
토호쿠 ○			
칸토 ◉(오른쪽 지역 외)	○ **치바현**	초시시, · · · · · · · · · · · · · · · · ·	
	○ **동경도**	미쿠라지마무라, · · · · · · · · ·	
	○ **동경도**	오가사와라무라, · · · · · · · · ·	
코신에츠 ○			
호쿠리쿠 ○			
토카이 ○(오른쪽 지역 외)	○ **시즈오카현**	이토시, · · · · · · · · · · · · · · · ·	
추고쿠 ○			
시코쿠 ○(오른쪽 지역 외)	○ **코치현**	무로토시, · · · · · · · · · · · · ·	
큐슈 ○(오른쪽 지역 외)	○ **가고시마현**	마쿠라자키시, · · · · · · · · · ·	
	○ **가고시마현**	쿠마게군, · · · · · · · · · · · · ·	
	○ **가고시마현**	쿠마게군, · · · · · · · · · · · · ·	
	○ **가고시마현**	나제시, · · · · · · · · · · · · · · ·	
오키나와 ○			
기타 ○ 기준풍속을 설정하는 경우	30m/s		

② 지표면 조도 구분의 설정　　　　　　　　③ 높이 설정

건축입지 환경　　　도시계획 구역 내　　　건물높이　12.00m

501m　　　기둥높이　10.50m

지붕높이　건물높이

④ 레벨계수의 설정　⑤ 평면 단축변 길이　⑥ 지붕 기울기

1.0　　　7.0m　　　4.5치 구배　▼

⑦ 기와·벽의 형상　⑧ 건물형태

맞배지붕　　　폐쇄형

지표면 조도 구분	지붕높이	국부치수	기준풍속	평균속도압력
III	12.0m	$a' = 7m$	36m/s	529N/m^2

최대 풍력계수		
부압력	일반부	-2.5
	준국부	-3.2
	국부	-3.2
	초국부	-4.5

풍압		
부압력	일반부	-1,322N/m^2
	준국부	-1,692N/m^2
	국부	-1,692N/m^2
	초국부	-2,363N/m^2

[그림 4.23] 풍압 계산 양식 기입 예

03 증개축의 경우

① [2]항에서 언급한 기존 주택의 경우 주의사항을 확인한다.
② 증축 부분과 기존 부분과의 결합 부분에서의 지지 내구력을 확인한다.

04 기타 주의점

➔ 태풍 대책

앞의 항에서 설명한 모든 점검 항목들을 만족한다면 태풍에도 문제는 없을 것이다.

➔ 지진 대책

앞의 항에서 지붕하중과 설치공사에 대한 점검항목의 검토가 필요하다. 지붕재형에 대해서는 지붕 전문 공사업자에 의해 시공된 경우는 문제가 없으나 지붕설치형 모듈을 설치하는 경우는 전문가 또는 신뢰할 수 있는 전문 공사업자에 의해 설치 시 받게 되는 하중부담 등에 대해서 충분한 검토가 이루어져야 한다.

➔ 조류 대책

지붕설치형 태양전지 패널의 경우 패널 주위를 장식패널로 마감하는 경우도 있지만, 눈에 보이는 3방면만 하고 수상측(水上側)은 처리하지 않는 경우가 많다. 낙엽이 쌓이거나 조류의 둥지가 되는 경우가 많은 패널 밑 공간은 설치 후에 유지보수가 곤란

해질 수 있다. 이것이 원인이 되어 비가 새거나 전선 손상 등 태양전지 모듈에서 일어날 수 있는 사고를 미리 예방하고 4방향을 보호하는 것이 바람직하다. 4방향이 둘러싸인 경우는 특히 결정계 태양전지 패널의 경우 냉각을 고려하여야 하며, 누름판을 금속 네트 등으로 이용하는 것이 통풍과 고장 대책에서 효과적이다. 즉, 주변의 자연환경을 충분히 고려하는 것이 중요하다.

▶ 도장(塗裝) 대책

태양전지 패널을 설치하기 전에 하지가 되는 지붕 또는 결합하여 맞추는 지붕의 상황을 확인하고 보수와 지붕재의 교체 또는 도장 등의 필요성을 검토한다. 보수가 필요하면 사전 처리도 해 둘 필요가 있다. 패널을 설치한 후 지붕 보수는 힘들고 비용이 드는 일임을 인식하여야 한다.

태양전지의 설치공사와 외장공사가 공정 중에서 잘못되어 외장공사가 후 공정으로 되는 경우는 미리 설치되는 태양전지 패널에 대해 충분한 양생을 실시하는 것이 중요하다. 모듈 표면에 외장공사 시 분사된 재료가 묻어있지 않도록 하여야 하며 모듈 뒷면의 봉지재료에 대해서도 시너 등의 용매재료가 접촉하면 태양전지의 성능에 커다란 손상을 주게 되므로 충분한 주의와 배려가 필요하다.

칼럼 누수(漏水)는 고통스럽다

비가 새는 누수현상은 실제로 경험한 사람만이 이해할 수 있을 것이다. 매우 어려운 상황으로 어떠한 마땅한 수단을 활용할 수 없는 힘든 경우가 대부분이다.

지금부터 20~30년 전 일본에서는 매년 8월~9월경에 찾아오는 태풍기간에 태풍이 상륙하면 정전은 보편적인 현상이었으며 더욱이 비바람이 강해지면 지붕이 무너지거나 기와가 날아가기도 하고 심할 경우 지붕자체가 날아가서 누수가 발생했다. 이때 집 안의 세면기, 큰 그릇, 빈 깡통 등으로 누수가 일어나는 지점에서 비를 받고 희미한 양초를 밝혀서 태풍이 지나가기를 기다리곤 했다. 지금은 사회적으로 생활수준이 향상되고, 주택성능과 기와지붕의 재료뿐만 아니라 시공기술도 향상되어서 대부분의 주택에서 누수현상은 거의 볼 수 없게 되었다. 따라서 만약 주택에서 누수가 발생하면 가정의 최대 사건으로 발전하게 될 것이므로 거주자들은 가급적 누수만큼은 피하고 싶어하는 것이 당연하다. 누수를 피하기 위해서는 건축 시 완벽한 시공을 실시하여야만 할 것이다.

칼럼 결로(이슬이 맺히는 현상)와 누수(비가 새는 현상)의 차이

불행하게도 건축물에서 누수가 발생한 경우 무엇보다 누수를 멈추게 하는 것이 제일 우선이다. 이때 어디에서 누수가 일어났는가? 어떤 원인으로 비가 새고 있는가? 등을 조사할 필요가 있다. 이때 누수현상 하나만 단정하지 말고 결로의 가능성도 고려하여 대처하는 것이 중요하다.

결로는 겨울 아침이나 장마 시기에 창유리 안쪽 부분에 물방울이 얇게 부착되는 현상으로 건축재료 온도가 접촉하고 있는 공기의 결로 온도 이하로 내려가는 경우 공기 중에 포함된 수분의 일부가 건축재료 표면에 응축하여 발생한다. 예를 들어, 못이 야지판(野地板)을 관통하여 지붕 후면에서의 환기가 충분하지 못할 때 끝부분에서 발생한 결로가 천정으로 떨어져서 얼룩이 발생하게 된다. 또한 지붕 후면의 환기가 불충분하여 채광용으로 만든 커다란 유리창이 있는 경우 그 부근의 벽이나 천정 등에 누수로 생각할 수 있을 정도의 결로로 인하여 천정이나 벽에 얼룩이 발생한다.

이와 같은 경우 시공주로부터 건축업자 및 지붕 시공사에 누수현상의 어려운 사정을 해결토록 요청하게 된다. 그러나 이때 통보한 사실 중 대부분의 경우가 결로 현상임을 업계에서는 다수의 사례를 통해 인식하고 있다. 결로가 일어난 경우이면 건축 설계상의 문제로도 나타날 수 있기 때문에 건물을 신축할 때 사전에 전문가의 의견을 충분히 고려하는 것이 중요하다. 기존 건축물 또는 증개축의 경우는 수리상이나 지붕 시공업자에 점검을 요청하거나, 또는 시공주와 함께 자택의 실내, 지붕, 벽 등을 점검하고 얼룩이 나타나면 조기에 대책을 수립하는 것이 현명하다. 기본적으로는 정기점검이 중요하며 사람들이 살아가는 건물에서 가장 중요한 장소이므로 신뢰할 수 있는 업자에게 가끔 점검을 받는 것도 건물 수명을 연장하는 방법이 될 수 있다.

 칼럼 지붕 시공과 품질 보증

◆ 신축의 경우

오늘날 사회정세 변화에 따른 주택 문제의 제반 대책수립을 위하여 일본에서는 제145회 국회에서 1999년 6월 「주택 품질 확보 촉진 등에 관한 법률」(이하, 「품확법(品確法)」이 가결, 성립되었다. 주거생활이 향상되고, PL법의 시행과 한신·아와지 대지진 피해를 계기로 주택에 대한 소비자의 인식이 커지게 되었다. 또한 주택에서의 문제가 드러나고 결함주택에 대해서 건축기준법을 준수하는 것만으로는 충분한 대응이라고 할 수 없을 것이므로 이에 「품확법」을 제정하기에 이르렀다.

관련 내용에 대해 설명하면 다음과 같다.

* 품확법 중에서 신축주택과 관련된 규정은 다음과 같다.

○ 제6조(주택성능평가서 등과 계약내용)

○ 제88조(신축주택 판매주의 하자담보책임의 특례)

○ 제90조(하자담보책임 기간의 연장 등의 특례)

2000년 4월 1일 이후에 체결되었다. 건설공사의 청부계약 및 신축주택의 매매계약에는 「구조 내구력상 주요 부분」, 「빗물 침투를 방지하는 부분」에 대한 하자담보책임이 완성·인도후로부터 10년간 의무화되도록 하였다. 10년간은 최저 의무기간으로 계약상에 20년까지의 기간을 설정할 수 있도록 하고 있다.

그러나 보증기간 중에 증개축을 행한 경우는 이 보증대상에서 제외하며 이 경우에는 공사 후 공사 청부업자에게 공사보증을 요구하게 되기 때문에 업자선정 시 충분한 고려가 필요하다.

[표 4.2] 품확법 적용건물 구분표

건물 용도	적용	적용 제외	건물용도	적용	적용 제외
개별주택 신축주거	*		별장(반복 이용)	*	
중고주거		*	리조트 맨션(반복 이용)	*	
공동주택 신축 1가구	*		세컨드 하우스	*	
중고 1가구		*	병원		*
사무소 등과 겸용건물의 1가구 (신축)	*		노인 홈		*
사무소 등과 겸용건물의 1가구 (중그)		*	신체장애자 복지홈		*
			가설주택		*
호텔		*	전시용 주택(추후 주거용으로 매각한 경우를 제외)	(*)	*
단기처류용 맨션주택		*			

[표 4.3] 하자와 하자담보책임

하자	목적물(주택)이 계약으로 정한 내용과 사회 통념상 필요로 하는 성능을 잃어버린 경우
하자담보책임	목적물(주택)이 하자가 있을 경우 보수하거나 배상금의 지불 등을 이행할 책임 • 10년간 의무화(특약에 의한 기간단축은 불가) • 20년까지 기간설정 가능

◆ 증개축의 경우

증거축을 한 경우는 기존 건물의 보증은 관련이 없게 되고 공사를 시공하는 청부업자의 책임으로 보증이 이루어지게 되므로 해당 공사의 시공범위에 대해 보증서 발행을 청구할 필요가 있다. 아울러 보증의 확실성을 담보하기 위하여 청부업자의 보증 뿐만 아니라 제3자의 연대보증서를 첨부하여 계약하는 방법이 안전한 방법으로 생각된다. 특히 청부업자의 하청으로 직접 공사를 연대하는 전문공사업자에 대해서도 사전에 청부업자에게 하청업자 목록 등을 요청하여 업자의 능력 등에 대해서 확인하는 것도 중요하다. 또한 이들 계약과 공사 등에 대해 잘 아는 설치사 또는 자격증 소지자에게 시공주 측을 대리하여 공사 감리업무를 의뢰하는 것도 현명한 방법이다.

미래의 주거와 태양광 발전

5.1 태양광 발전을 보급하기 위한 과제

태양광 발전은 주택에 적용하는 것에 초점이 맞춰져 보급이 진행되고 있다. 주택의 태양광 발전에 관한 과제를 검토하기로 한다.

이 책의 목적은 주로 지붕에 관한 내용이지만 태양전지의 우수함을 알리고, 지붕을 보존하는, 그리고 태양광 발전의 보급을 저해하는 지붕에 대한 불안감을 없애고 싶은 마음에서 집필하기 시작하였다. 이 책이 지붕의 과제해결에 도움이 되리라 믿는다.

● 지붕업계의 참가를 촉진한다.

태양광 발전 분야에 지붕 관련 업계의 참여가 적은 것을 우선 들고 싶다.

안전하게 지붕의 설계와 시공을 수행하는 일은 지붕 관련 업계의 일이라고 생각된다. 태양전지라고 하는 부품을 구입하여 안전하게 지붕 위에 설치할 수 있는 상품을 개발하고, 주택 지붕에 안전하게 설치하는 것은 지붕 전문 업계가 책임지고 수행하는 것이 자연스러울 것이다.

● 가정 용품으로서 상품을 개발한다.

카탈로그나 취급 설명서를 읽으면 업계에서 사용하는 용어와 통상적으로 사용되지 않는 단위 등을 발견하게 되며, 이는 일반

인들에게는 어려운 내용이다. 친숙한 가정용품으로서의 특징은 전혀 없다. 상품가치를 높일 수 있는 개발이 바람직하다.

⊙ 건축기준법 등 관련 법령에 준한 공사를 실시한다.

지붕공사는 내진성능, 내구성능 등 주택에 커다란 영향을 미칠 가능성이 크다. 따라서 최소한 지켜야 할 규정으로는 건축기준법이 있으며 엄격히 지켜지고 있음을 확인할 수 있는 제도 확립이 시급히 이루어져야 한다.

5.2 에너지를 자신의 집에서 생산한다.

일반 주택에서 사용되고 있는 전력량은 4,500kWh/년 정도로 알려져 있다. 신축주택은 공조면적도 넓어지고 조명 수량도 많아져서 6,000kWh/년 정도 사용되는 가정도 적지 않다. 이는 한 세대가 1,665~2,220kg의 이산화탄소(CO_2)를 방출하는 것에 해당된다.

환경에 부담을 주지 않는 전기가 사용되고 그 전기를 자신의 집에서 만들게 되면 매우 이상적이라 생각된다. 최근에는 도장 등의 유지 보수가 필요 없는 "지붕재형"의 상품도 나와서 경제적으로도 "이익이 되는" 시대가 되고 있다. 바로 일석이조가 되는 상품이 태양광 발전이다.

5.3 2020년의 태양광 발전

주택 다자인이나 마을 배치를 고려하면 태양광 발전은 건축물과 일체가 되어 보급이 진행될 것으로 생각된다. 따라서 주택의 지붕재료 또는 창 유리가 발전을 하는 것은 당연한 시대가 되고 있다. 정원의 전등이나 가로등은 당연히 태양광 발전으로 점등하게 된다. 까는 돌이나 담(울타리) 등도 전기를 생산하는 재료로 만들어지는 시대가 올지도 모른다. 자전거 또는 유원지의 놀이기구, 전차의 선로에도 전기를 생산하는 지붕이 세워질 수도 있다.

각 가정에서는 자체 소비되는 전기량 이상의 발전을 하고 여분의 전기(에너지)를 공장이나 사무실, 상점 등에 티산화탄소가 방출되지 않는 코어전력으로 판매할 수 있을지도 모른다. 햇빛이 잘 비치는 주택은 자산가치가 높아지게 될 것이다.

2020년에는 석유나 석탄 등 화석연료를 직접 태우는 일은 잘 볼 수 없는 시대가 될 것이다. 그래서 화석연료 잔존량을 무시하는 경제활동이 될 것이다. 태양광 발전이 더욱 더 많아지는 시대가 올 것이다.

5.4 2020년의 시장

신축되는 주택의 대부분이 태양광 발전으로 생활에 필요한 에너지 모두를 충당하는 "제로에너지 주택"으로 될 것이다. 가스도 석유도 사용하지 않는 완전 전기화된 주택으로 그 전력 모두를 태양광 발전으로 충당하므로 이산화탄소를 전혀 배출하지 않는 주택이 된다.

신축주택은 30만동/년 정도 건설될 것으로 예상된다. 1동 평균 1만 kWh/년 발전을 하여 30억 kWh의 발전을 하게 될 것이다. 기존 주택도 같은 정도가 설치되면 연간 60억 kWh의 발전 능력을 가진 에코(그린) 발전소가 매년 건설되는 것과 같은 효과를 가져오게 된다.

거의 모든 주택에 설치되면 디자인적으로도, 기능적으로도 주택에 적합하도록 하여야 한다. 발전기능뿐만 아니라 즐거움과 새로움, 편리성, 안전성을 갖춘 상품이 되어야 할 것이다.

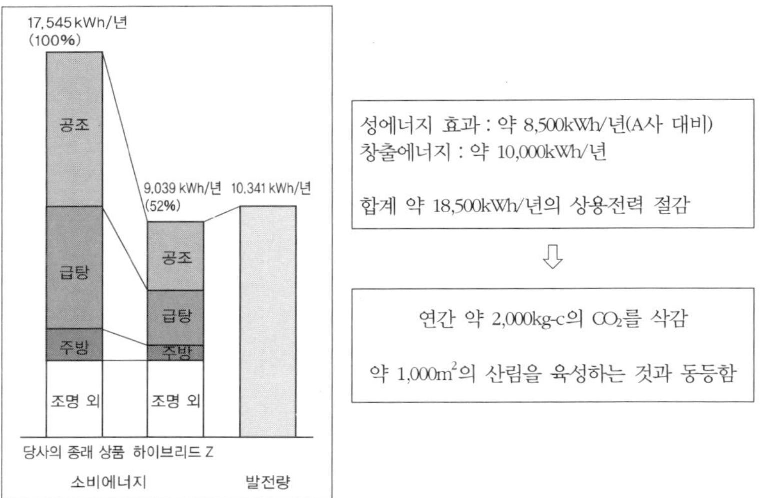

[**그림 5.1**] 성에너지 효과와 CO_2 삭감 효과(1용마루 당)

그런 시대를 향해 주택업계도 지붕업계도 태양광 발전 시스템에 많은 관심을 가지고 활발한 활동을 진행하고 있다. 계통계에서의 과제는 전력회사에 맡겨두면 될 것이며, 필요하면 전력회사의 대응 비용분을 감세하는 것도 고려될 수 있다. 일본의 전략회사는 공공적인 역할을 갖고 있음을 인식하면서 활동하고 있다. 매매(賣買) 전력가격이 같아지게 될 것이다. 태양광 발전은 정부 주도가 아닌 민간에 맡겨서 추진하는 좋은 선례가 되는 시대가 되고 있다.

주택회사에 의한 대규모 태양광 발전 주택단지의 건설이 활발하게 이루어지게 되었으며 태양광 발전을 이야기하는 기술자도 증가해 왔다. 주택가를 걸으면 250채당 1건의 비율로 태양광 발전주택을 발견할 수 있다. 신축주택 등에서는 30년 정도의 대출을 제공하는 예가 많지만, 태양전지 부분의 비용은 발전 전력량으로 다시 갚을 수 있다.

머지 않아 일본 내의 주택이 사용하는 전력량과 주택의 지붕에서 발전하는 에코 전력량이 같아질 수도 있을 것이다. 태양광 발전의 미래는 밝다고 할 수 있다.

부록1_ 태양광 발전 Q&A

부록2_ 관련 용어해설

부록3_ 관련 기관·단체 문의처 일람

부록4_ 지붕에 관한 태양광 발전 공사 시공과 보증 개요

부록5_ 전일본기와공업연맹 제3자 배상공제제도

부록6_ 주택용 태양전지 분류방법

부록7_ 지붕구배와 경사각(도)

부록8_ 지붕방향, 경사에 따른 발전량의 영향

태양광 발전 Q&A

부록1

　　여기서는 태양광 발전에 대한 의문점을 Q&A 형식으로 정리하기로 한다.

Q1　태양광 발전을 'PV 시스템'이라 하는 이유는?

A1　PV는 Photo - Voltaic의 약자로서 '광발전'의 의미이다.

　　기본적으로 태양전지 패널은 내부에 전기를 축적해 둘 수는 없다. 따라서 전지라기보다는 "태양광을 전기로 변환하는 광발전장치"라고 할 수 있다. 한편, 축전기능을 갖는 일반 전지와 혼동을 피하기 위해 태양전지를 PV, 태양광 발전 시스템을 PV 시스템이라 하고 있다.

Q2　주택의 지붕 외에는 설치할 수 없는가?

A2　지붕 이외에도 설치 가능하다.

　　공장이나 빌딩은 빈터나 벽에도 설치하고 있다. 다만, 일반 주택은 일조 조건이 양호한 장소가 지붕면이 된다. 나무 또는 건물의 그림자가 적고 주위로부터 방해를 받지 않기 때문에 주택에서는 지붕에 설치하는 경우가 많다.

Q3 4kW 시스템을 설치하면 언제나 4kW를 발전하게 되는가?

A3 그렇치 않다. 이 숫자는 일정 조건에서의 발전능력을 의미한다.

 '4kW'라는 수치는 JIS의 일정 조건하에서 태양전지의 발전 능력을 나타낸다. 실제는 일조량, 온도상승 등의 기상조건이나 설치조건에 따른 손실, 파워 컨디셔너의 직류·교류 변환 시의 손실 등이 있다. 실제 출력은 표시 출력의 50~70% 정도로 알려져 있다. 따라서 4kW 시스템을 설치한 경우 맑은 날에서 보통 2kW에서 3kW 정도의 발전량이 된다.

Q4 지붕의 방향 또는 각도에 따라 발전량은 어느 정도 달라지는가?

A4 발전량은 태양전지 면으로 들어오는 일조량에 비례한다.

 최적의 방위·각도는 남향, 경사각 30도 정도이다. 정남향에서 동 또는 서로 30도, 경사각 20~40도 정도이면 차이는 거의 없다. 정 동쪽 또는 정서쪽인 경우 정남향에 비해 80% 정도이다. 또한 정북향 은 경사각도 30도에서 60% 정도로 낮아진다.

Q5 흐린 날 또는 비오는 날에도 발전가능한가?

A5 물론 발전가능하다. 다만, 발전량은 저하된다.

 태양전지의 발전량은 태양전지 표면으로 입사되는 광량에 비례 한다. 따라서 쾌청한 한낮이 발전량은 최대로 많아지지만, 흐린 날 또 는 비오는 날에도 발전은 하게 된다. 태양이 보이지 않아도 낮에는 어 느 정도 밝기로 빛은 지상에 도달한다. 다만, 발전량은 제한되므로 소 비전력량보다 적은 경우는 전력회사로부터 공급되는 전기를 함께 사용 하게 된다. 또한 지붕면 위에 눈이 쌓인 경우는 발전하지 않는다.

Q6 태양광 발전 시스템의 수명은 어느 정도 인가?

A6 태양전지 부분은 움직이는 것이 아니므로 20년 이상의 수명을 갖는 것으로 추정된다.

시스템 중에서 파워 컨디셔너에는 화학 콘덴서라고 하는 소모품이 있다. 이 콘덴서의 수명은 설치 조건에 따라 다르지만 10년 이내라고 생각되며 소모된 후에는 교환이 필요하다. 한편, 태양광 발전 시스템의 보증은 태양전지가 10년, 파워 컨디셔너 등의 전기기구가 2년 정도가 일반적이나 보증기간과 수명과는 다르다. 전기제품에도 보증기간은 보통 1~2년이지만 수명(내구년수)은 더 긴 것과 같은 논리이다.

Q7 정전되면 어떻게 되는가?

A7 자가 발전한 전기로 자체 운전이 가능하다.

이것은 태양광 발전 시스템의 큰 장점 중 하나이다. 재해 또는 전선사고 등으로 정전된 경우 일조가 있으면 파워 컨디셔너를 자립 운전으로 전환하여 최대 1,500W의 전기를 정전용 콘센트로부터 공급할 수 있다. 이로써 TV와 라디오로 긴급 뉴스를 시청하기도 하고 음료용 온수를 데우는 정도는 할 수 있다.

Q8 '매전(賣電)'이란 어떤 의미인가?

A8 잉여전기를 전력회사에 파는 것을 의미한다.

보통, 전기는 전력회사로부터 '사는'것이며 '파는'것은 아니다. 그러나 태양광 발전 시스템을 설치한 경우 발전하는 전력량이 그때 사용하는 전력량보다 많다면 전기는 남아돌게 된다. 그 여분의 전기를 전선을 통해 역으로 흘리게 되면 전력회사에 전기를 팔수 있게 된다. 이것을 '매전(賣電)'이라고 하며 전력회사와 '전력수급계약'을 체결할 필요가 있다.

Q9 태양열 온수기와 같은 시스템인가?

A9 기본적으로는 다른 시스템이다.

태양열 온수기는 태양열로 물을 데우는 시스템이다. 급탕이나 난방 이외는 이용할 수 없으며 태양광 발전 시스템과 같이 발전한 전기를 가정 내에서, 자유로히 사용할 수가 없다. 또한 '패시브 솔라(Passive Solar)'라는 명칭도 유사하지만 이는 열에너지를 이용하여 실내에 열을 가두어 두는 시스템으로 주로 난방에 이용되고 있다.

Q10 가격은 어느 정도인가?

A10 가격은 설치하는 kW 수에 따라 크게 다르다.

또한, 설치조건, 상품 종류에 따라서도 차이가 난다. 신에너지재단(NEF)의 홈페이지에는 매년 보조금을 준 주택의 구입 가격을 집계한 결과를 게재하고 있다. 2002년도는 70~80만엔/kW 정도이다. 이 가격은 1kW당 가격이므로 3kW라면 가격은 3배가 될 것이다. 자세한 내용은 홈페이지를 참조하기 바란다.

➡ **AM 에어매스 : AM(Air Mass)**

태양광이 지표에 도달할 때까지 통과한 대기층 경로의 길이를 말한다. 이 길이에 따라 분광분포가 달라진다. AM 1.0은 적도상에서 입사각 90°일 때 대기층 통과거리이다. 즉, 태양광 발전 시스템 측정의 표준상태인 AM 1.5는 지구상의 중위도 지역의 스펙트럼에 해당한다.

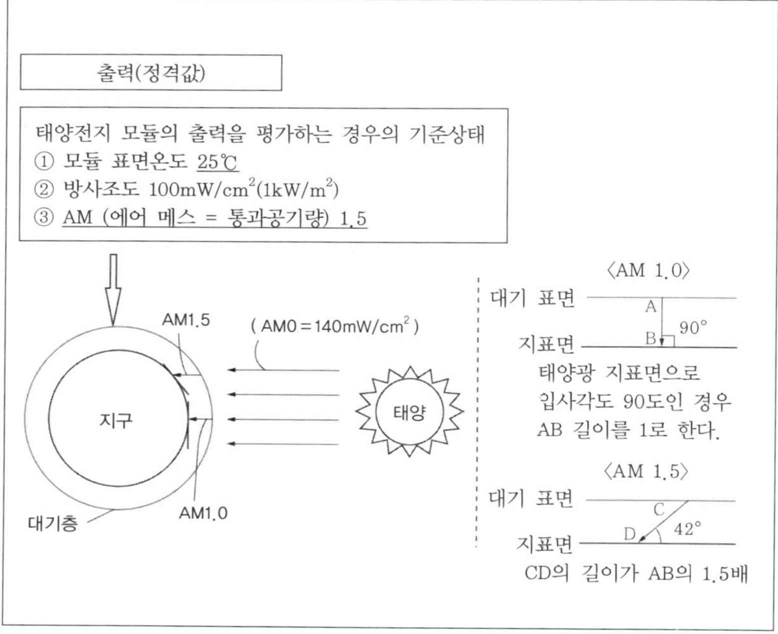

[그림 1] AM(Air Mass)

◆ NEDO : 신에너지 · 산업기술개발기구(New Energy and Industrial Technology Development Organization)

통상산업성의 산하단체로 1980년에 석유 대체에너지 기술개발의 핵심적 추진단체로 설립되었다.

NEDO는 신에너지 개발·도입·보급 사업, 산업기술 및 지구환경대책기술 연구개발과 연구기반 정비 및 국제협력·국제공동 연구사업을 추진하며, 각 개발분야에 있어서 우수한 기술력을 보유한 민간기업 등의 힘을 결집한 개발체제를 가지고 이들 연구개발을 관리·조정·체계화하는 관리기능을 수행하고 있다.

◆ NEF : (재)신에너지재단(New Energy Foundation)

1980년 9월에 설립. 신에너지의 조사 연구 및 도입·보급을 위한 업무를 수행함과 동시에 민간의 의사를 결집하여 정부와 기타 관계 기관에 대해 신에너지 등 개발이용의 추진방법에 대해 건의하고 의견을 제시하며 이를 실현하는 임무를 띄고 있다.

또한 관련 단체·기관, 관련 기업과 밀접한 연계를 유지하면서 신에너지 산업 및 지역경제의 발전과 일본의 에너지 자급을 개선하는 목적으로 설립되었다.

1994년부터 개인주택용 '태양광 발전시스템의 모니터 사업'을 시작하였다.

◆ PV : 태양전지를 말함. Photo-Voltaic(광발전)의 약어.

- **어닐효과(Anneal Effect)** : 고온 열화 회복작용.

  온도상승에 의해, 교환효율이 회복되는 비정질 태양전지 특유의 특성.

- **아몰퍼스 실리콘(Amorphous Silicon)** : 아몰포스(비정질)란 결정상태가 아닌 원자의 질서를 갖지 않는 고체상태를 말함.

  비정질 실리콘을 사용한 반도체는 태양전지로 만드는 제조공정이 단순하고 박막, 대면적화 등에서 장점을 가지고 있다.

- **어레이(Array)** : 태양전지 모듈의 지붕면에서의 단위.

- **옥외 개폐기** : 전력회사가 전신주 등에서 정전 복구공사를 수행할 때 사용하는 개폐기. 연계 계통측의 전달로를 차단 또는 접속한다. '계통 연계 기술요건 가이드 라인'으로 설치를 의무화하고 있다.

- **개방전압** : 태양전지 모듈 출력단자의 끝에 부하를 가하지 않고 전류가 전혀 흐르지 않는 상태에서 출력단자 사이의 전압.

- **역조류** : 수요자측에서 전력회사의 상용연계로 향하는 전류 조류.

- **계통연계** : 기존의 전략회사 계통에 태양광 발전 시스템을 접속하여 전력을 공급함과 동시에 태양광 발전 시스템의 전력이 부족할 경우에는 상용전원을 이용하는 전력공급 시스템.

  상용계통이 축전지와 같은 기능을 함으로써 시스템은 간략화되며 가격면에서도 이점이 크다.

⊙ **계통연계(보호) 장치** : 상용전력과 태양광 발전 시스템을 결합하여 운용할 때 필요한 사용자와 공급자를 결합하는 장치.

　　본 장치는 태양광 발전 시스템과 상용 전원계통을 상시 감시하고 사고가 발생한 경우 연계를 해제하여 사고의 연속적인 파급을 방지하는 기능을 갖추고 있다.

　　또한 연계보호장치에 대해서는 '계통연계기술 요건 가이드라인'에서 규정하고 있다.

⊙ **결정 실리콘** : 원자 또는 결정이 규칙 정연하게 배열된 상태를 결정이라 부르며 이러한 상태에 있는 실리콘을 말한다.
결정의 종류로는 단결정과 다결정이 있다.

⊙ **고압계** : 일본의 경우 저전압(600V)을 넘고, 7,000V 이하인 전압을 말한다.

⊙ **광전효과** : 물질에 빛을 주사하면 빛이 흡수되어 자유전자를 만들어 내는 현상을 말한다.

⊙ **최대 출력 동작점** : 태양전지가 최대 출력을 내는 점.

⊙ **최대 출력 동작전압** : 출력이 최대가 될 때의 동작전압.

⊙ **최대 출력 동작전류** : 출력이 최대가 될 때의 동작전류.

⊙ **최적 경사각** : 연중 최대의 발전을 위해 설정하는 태양전지 패널의 경사각으로 지역과 방위에 따라 다르다.

⊙ **자립운전** : 태양광 발전 시 사고 또는 재해 등의 원인으로 계통 정전 시에 상용전원 없이 태양전지로 발전한 전력을 이용하여 독립적으로 파워 컨디셔너를 운전하는 경우를 말한다.

⊙ **주변장치** : 태양광 발전 시스템을 구성하는 기구 중에 태양전 지 모듈을 제외한 인버터, 지지대, 제어·보호장치 등의 총칭.

⊙ **상용계통** : 전력회사와 전력을 매매(賣買)하는 전선경로·배 선을 말한다.

⊙ **스트링(String)** : 태양전지 모듈의 1개 직렬의 단위 명칭.

⊙ **접속상자** : 태양전지로부터 여러 회로가 있는 직류배선을 집속 하여 2가닥의 전선으로 합쳐 파워 컨디셔너에 보내는 중계 상자.

⊙ **셀(Cell)** : 태양전지의 기능을 갖는 최소 단위.

⊙ **태양당 발전 시스템** : 태양광을 받아서 직류전력을 발생하는 태양전지를 이용한 발전방식.

⊙ **태양전지** : 태양광을 받아서 그 에너지를 직접 전기에너지로 변환하는 반도체 소자.

⊙ **단락전류** : 태양전지 모듈의 출력단자를 단락(쇼트)시킨 경우 출력단자 사이에 흐르는 전류.

⊙ **저압계** : 일본에서는 공칭전압 400V까지의 전압을 말한다.

⊙ **저감률** : 전력이 파워 컨디셔너 장치를 통과함으로써 감소하는 비율.

➔ **뉴선샤인(New Sun Shine) 계획** : 선샤인 계획(신에너지 기술개발계획), 문라이트 계획(성에너지 기술개발 계획), 지구환경대책 기술개발을 통합하여 독립 행정법인인 산업기술총합연구소(구 : 공업기술원)가 1993년부터 추진하고 있는 통합적 에너지 환경시책.

시책의 주요 내용은 다음과 같다.
1. 지구의 온난화 방지를 목표로 한 신에너지 기술개발 구상
2. 태양 에너지의 개발·이용을 세계적 규모로 국제협력 추진
3. 인접 개발도상국의 에너지·환경제약의 완화를 지원할 목적으로 에너지 환경 적성기술 공동연구 추진
* 2020년까지 총 1조 5,500억엔의 예산 투입 예정

➔ **매전(賣電)** : 태양광 발전 시스템(계통연계, 역조류)에서 발생한 여분의 전력을 전력회사에 파는 것을 의미한다.

➔ **파워 컨디셔너** : 태양전지로 발전한 직류전력을 교류로 변환하여 외부에 양호한 전력을 공급하는 장치로서 인버터, 계통연계 장치, 작종 제어장치 등으로 구성되어 있는 전자기구.

저압연계에 있어서, 계통연계 장치를 인버터에 조합한 것도 허가되어 있다.

➔ **부하** : 전력 계통의 출력측에 접속된 전력을 소비하는 모든 기구를 말함.

가정용 전력과 같이 전력소비가 일정하지 않은 일반부하와 일정한 전용부하가 있다.

● **부하용량** : 기구에 걸린 부하의 용량으로, 변압기에서는 출력 전압×출력전류로 표현된다.

● **변환효율** : 태양전지의 전기적 출력과 받은 태양광 에너지의 비 (전력 변환한 것)[%]로 표시되며 기준 상태(분광분포 1.5AM) 에서 교정하여 정의하는 것이 일반적이다.

● **모듈(Module)** : 셀을 연결하고 맞추어서 사용하기에 편리한 전 압으로 생산되도록 패키징한 것을 말한다.

● **모듈효율** : 태양전지 셀의 순수한 변환비율을 표시하는 용어로 서 변환효율을 들 수 있으나, 셀 사이의 통합면 등에 의한 손실 까지도 고려한 태양전지 모듈의 효율을 모듈효율이라 한다.

● **지붕설치형** : 태양광 발전 모듈이 지붕 위에 올려진 상태로 고 정되어 있는 태양광 발전 시스템.

● **지붕재형** : 태양광 발전 모듈이 지붕재료와 일체화된 것. 또는 태양전지 모듈에 지붕재로서의 기능이 갖추어진 것을 말한다.

● **잉여전력** : 발전이 소비를 상회한 상태로 여분의 전력을 말한 다. 계통연계, 역조류가 있는 경우 전력회사에 매전(賣電 : 전 력을 파는 것)할 수가 있다.

● **연계보호장치** : 접속도선을 거쳐서 들어온 외부로 부터의 이상 상태 또는 전기기구 내부의 이상 상태에 의해 연계측의 손상을 방지하기 위해 회로에 설치된 장치.

부록3 관련 기관 · 단체 문의처 일람

명칭		우편번호	주소	전화번호
(재)신에너지재단 (NEF)	주택용 태양광 발전 보조금 교부 단체	102-8555	東京都千代田区紀尾井3番6号 (秀和紀尾井町パークビル6階)	03-5275-3046
태양광발전협회 (JPEA)	태양전지업체 단체	105-0004	東京都港区新橋4-29-6 寺田ビル 8F	03-3459-6351
(사)일본건축판금 협회	판금과 컬러베스트 지붕공사업 단체	108-0073	東京都港区三田1丁目3番37号 板金協会	03-3453-7698
(사)전일본기와공사 업연맹	기와 공사업 단체	102-0071	東京都千代田区富士見町 1-7-9 東京瓦会館	03-3265-2887
(사)일본전기공업회	전기기구 업체 단체	100-0014	東京都千代田区永田町2丁目 4番15号	03-3581-4844
(사)주택생산단체 연합회	각종 주택회사 단체 연합회	105-0001	東京都港区虎ノ門1-6-6	03-3592-6441
(사)PREFAB건축 협회	PREFAB주택 업체 단체	100-0013	東京都千代田区霞が関3丁目 2番6号 東京倶楽部ビル	03-3502-9451
신에너지 · 산업기술 종합개발기구(NEDO) 태양 · 풍력기술개발실	태양광 · 풍력 발전 기술개발 담당	170-6028	東京都豊島区東池袋3丁目1番 1号 サンシャイン 60 30F	03-3987-9421
전일본전기공사업 공업조합연합회	전기공사업의 공업조합 연합회	105-0014	東京都港区芝2丁目 9-11 全日電工連会館 1F	03-5232-5861
재생에너지 유효 이용 · 보급촉진기구	재생 가능 에너지 보급촉진 단체	259-1292	神奈川県平塚市北金目1117番 地 東海大学総合科学技術研究 所関研究室	0463-58-1211 (내선, 4712)

부록4 지붕에 관한 태양광 발전 공사시공과 보증 개요

지붕공사 업계는 조합에 가입한 회원사무소에 대해 지붕 가공 방법에 관한 강습회 또는 지붕에 관한 신소재·신상품에 대해서 정보를 전달한다. 동시에 지붕시공 보증 관련 제도 등을 충실히 수행하고 회원에 대한 지도서(가이드 라인)를 기초로 하여 교육과 보증에 관한 업무를 담당한다. 특히 태양광 발전에 대해서는 지붕공사와는 별도로 취급하고 있으며 태양전지 업체와 조합과의 제휴를 통해 지붕에 관련된 태양광 발전 지식을 기르고 시공 연수과정을 수료한 시공자들의 지위를 보장하고 그들만이 시공할 수 있는 공사범위를 지정하고 있다. 상세한 내용은 지역조합에 문의하기 바란다.

No ___________

___________ 귀하

전판연형 「책임시공제도」
보 증 서

　금번 발주받아 시공한 공사는 국토교통성 추천의 강판제 지붕구축법 표준에 준하여 소정의 기능을 보유한 시공자에 의해 시공되었다.
　인도후는 시공자의 책임에 있으며 시공상의 사유로 인하여 고장이 발생한 경우는 보증약관에 따라 보수 책임을 지게 된다.

년　　월　　일

◇ 보증책임자

시 공 자　　　소재지
　　　　　　　사무소
　　　　　　　대표자

검사기관　　　소재지

판금공업조합

동경도 미나토구 산다 1초매 3−37호
주식회사 전일본건축판금보증센터

대표이사　　　　　　　　　　　(인)

지 부 장　　　　　　　　　　　(인)

* 지부장 인이 없는 보증서는 무효임.

[참고 1] 전일본판금공업조합연합회 보증서(1)

공사명칭				
공사장소 (주 소)				
시공자				
검사일	중간검사 　　　년　　　월　　　일		검사원 성　명	
	완성 검사 　　　년　　　월　　　일			
보증기간	지붕 방수	년　　　월　　　일 부터 년　　　월　　　일 까지 (　　년간)		
	벽　　방수	년　　　월　　　일 부터 년　　　월　　　일 까지 (　　년간)		
	비막음재 · 물받이통 방수	년　　　월　　　일 부터 년　　　월　　　일 까지 (　　년간)		
	빗물 관통부	년　　　월　　　일 부터 년　　　월　　　일 까지 (　　년간)		
연락처	(시공자) 사업자명　　　　　　　　　　　　　　　　(인) 소 재 지 전화번호			
	(전일본건축판금보증센터 지부) 지 부 명　　　　　　　　　　　　　　　　(인) 스 재 지 전화번호			

※ 상기 보증내용에 대해서는 필요사항 기입·날인함으로써 효력을 개시한다.
　본 보증서는 분실 시 재발행이 불가하다.

보 증 계 약

제 1 조 (총칙)

주식회사 전일본건축판금보증센터(이하 "보증센터"라 함)는 판금공사, 지붕공사의 시공업자(이하 "시공업자"라 함)가 시공한 개소에 대해 시공업자단체(이하 "조합"이라 함)가 정한 시공검사에 합격한 경우에 보증서를 발행하고 본 보증계약에 따라 건물의 시공개소의 품질보증을 한다.

제 2 조 (보증의 범위)

시공업자가 공사를 완료하여 인도한 후 보증서에 기재되어 있는 보증기간 중에 다음에 기입한 품질성능에 반하는 고장이 발생한 경우 시공업자 및 검사기관인 조합과 협력하여 보증센터의 책임으로 보수를 수행한다.

대상	품질 성능
지붕 방수	방수는 빗물이 실내로 침입하지 않아야 한다.
외벽 방수	외벽은 빗물이 침투하여 실내 마감면을 오염, 손상하지 않아야 한다.
비막음재 · 물받이통	비막음재 · 물받이통은 기와 및 외벽과의 경계면으로부터 빗물이 침입하지 않아야 한다.
빗물 관통부	탈락, 파손, 수직으로 내려옴. 심각한 부식 등의 형상이 발생하여 기능을 손상하지 않아야 한다.

(1) 다음 이유로 인한 사고 등에 의한 고장은 보증에서 제외한다.

① 건물의 성질, 용도에 따라 결로 또는 자연소모, 변질, 변색 등 유사 현상

② 지진, 분화, 태풍, 폭풍우, 호우 등의 자연현상에 의한 손상

[참고 2] 전일본판금공업조합연합회 보증서(2)

③ 하지재의 변형, 파손을 수반하는 손상

④ 시공 후의 외력에 의한 손상

　가. 화재, 폭발, 공해 등 우연한 외부 원인에 의한 것

　나. 공사검사 후, 베란다, 수납공간 또는 수조 등을 지붕 위에
　　올려놓거나 안테나 공사 등에 의한 손상

　다. 적설에 의한 지붕 위의 눈쓸림 현상에 기인하는 손상

　라. 눈이 많은 지역 이외 지역에서의 눈에 의한 빗물 관통부
　　가 탈락, 파손 또는 이탈된 경우

　마. 식물 성장 등이 원인이 된 경우

⑤ 건물 소유주 또는 사용자가 매우 부적절하게 유지 관리하거나
　보통 예측되는 사용상태와 현저히 다르게 사용한 경우

제 3 조 (그장 통보)

발주자 또는 건물관리자는 앞의 조항에 규정한 사항에 위반하는
고장을 발견한 경우 바로 시공업자 또는 조합에 통보해야 한다. 이
통보를 충실히 이행하지 않는 경우 보증센터는 수리 책임을 지지 않
을 수 있다.

제 4 조 (보수 내용)

(1) 보증센터는 제2조의 규정에 위반하는 고장이 발생한 경우에 보
　수를 이행하게 된다. 보수는 인도한 때의 설계. 사양, 재질 등
　에 따라 고장 이전의 상태로 복구하기 위하여 상황에 따라서
　다음에 기술하는 공사를 행하게 된다.

　① 부분적인 보수, 교체 시공

　② 전브 교체, 도장 교체 시공

　③ 기타 필요한 공사

(2) 앞의 항의 보수에 대해서 발주자, 시공업자 등과 협의하여 보
　증센터가 그 방법을 결정한다.

(3) 고장 부분을 조사한 결과 제2조의 규정에 위반하는 고장이 아니라고 판명된 경우 보증센터는 조사비 등 실비를 청구한다.

제 5 조 (사고심의위원회)

이 보증약관에 따라 보증센터의 책임에 대하여 발주자 또는 건물 관리자 등의 사이에 견해가 다르거나 의견의 불일치가 발생한 경우 보증센터의 판정에 따른다. 다만, 보증센터는 사단법인 일본건축판금협회(국토교통부 장관 및 경제산업부 장관에 의한 허가단체)의 사고심의 위원회의 지시에 따른다.

제 6 조 (지붕 빗물 관통부 등의 점검계약)

보증센터는 시공업자와 협력하여 공사 인도 후 별도 계약에 의해 지붕, 빗물 관통부 등의 점검업무를 인계받는다.

제 7 조 (손해배상 책임)

보증센터는 다음 보증기간 중, 제2조의 보증범위의 지붕방수, 벽방수, 비막음재·물받이통, 빗물 관통부 등의 계약한 부분에 있어서 고장에 의해 빗물이 실내에 흘러 들어와서 실내의 재산에 손괴가 일어난 경우는(자전거 보관소 등은 손해배상의 대상에서 제외됨) 보증센터와 손해보험회사간에 계약한 생산물배상책임보험에 의해 다음과 같은 한도 내에 손해배상금을 부담한다.

종 별	배상금액(1사고에 해당) 한도액 (보증기간내의 누적한도액)	보증 기간
지붕방수	2,000만엔까지	10년간 한도
벽방수	2,000만엔까지	10년간 한도
비막음재·물받이통	2,000만엔까지	5년간 한도
빗물 관통부	2,000만엔까지	5년간 한도

2000년 4월 1일에 시행된 주택신법(주택품질 확보 촉진 등에 관한 법률)에 의해 신축건축의 기본 구조 부분(빗물의 침수를 방지하는 쿠분 및 구조내력상 주요한 부분)에 대하여 10년간 담보책임이 의무화되어 있음에 근거하여 다음 같은 제3자 배상공제제도를 시행하고 있다.

● 이 제도의 대상이 되는 손해배상책임

이 제도는 다음 두 가지의 공제로 되어 있다.

(1) 청부배상공제

조합원이 공사 · 작업 수행 시 또는 공사를 위해 작업장을 사용하거나 관리할 때 타인을 사망, 부상시키거나(대인 배상사고), 타인의 재물을 손상(대물 배상사고)시켜 법률상 손해배상책임을 부담함으로써 그 손해를 배상하는 제도이다.

(2) 생산물 배상공제

조합원에 의해 공사 · 작업을 완료하거나 방기된 후에 공사 · 작업의 결과에 대하여 발생한 사고로 인해 타인을 사망, 부상시키거나(대인 배상사고), 타인의 재물을 손상(대물 배상사고)시켜 법률상 손해배상책임을 부담함으로써 그 피해를 보상하는 제도이다.

다만, 생산물 배상공제의 대물배상사고에 대해서는 본 공제제도의 B1~B5세트, C1~C5 세트에 가입하고 있는 기간 중의 사고이며, 더욱이 해당 사고원인이 사고일로부터 과거 10년 이내의 기간에 시공된 공사인 경우로 제한한다.

➔ 이 제도로 보상하는 손해의 범위

이 제도의 대상은 다음과 같다.

(1) 피해자에 대하여 지불해야 할 손해배상금. 구체적으로는,

① 대인배상의 경우 :

(가) 치료비

(나) 휴업손실(사망 · 휴유증의 경우는 본인이 취득할 수 있는 이익의 상실)

(다) 감사료

② 대물배상의 경우

(가) 재물의 전부를 상실한 경우 : 상실 당시의 교환가격 등

(나) 재물의 일부를 상실한 경우 : 교환 가격의 감소 등

(다) 재물의 손상, 오염의 경우 : 원상회복에 필요한 배상비 등

(2) 피해자에 대한 응급수당, 긴급조치 등의 비용 등

(3) 소송하는 경우 소송비용 및 변호사 비용

[표 1] 보상 금액

	B1 · C1 세트		B2 · C2 세트		B3 · C3 세트	
	청부배상	생산물 배상	청부배상	생산물 배상	청부배상	생산물 배상
• 대인배상						
1명당	5,000만엔	5,000만엔	10,000만엔	10,000만엔	10,000만엔	10,000만엔
1사고당	5,000만엔	5,000만엔	10,000만엔	10,000만엔	15,000만엔	10,000만엔
연간 총보상금액	–	5,000만엔	–	10,000만엔	–	10,000만엔
• 대물배상		*		*		*
1사고당	1,000만엔	1,000만엔	1,000만엔	1,000만엔	1,000만엔	10,000만엔
연간 총배상금액	–	1,000만엔	–	1,000만엔	–	10,000만엔

	B4 · C4 세트		B5 · C5 세트	
	청부배상	생산물 배상	청부배상	생산물 배상
• 대인배상				
1명당	10,000만엔	20,000만엔	10,000만엔	30,000만엔
1사고당	20,000만엔	20,000만엔	30,000만엔	30,000만엔
연간 총배상금액	–	20,000만엔	–	30,000만엔
• 대물배상		*		*
1사고당	1,000만엔	20,000만엔	1,000만엔	30,000만엔
연간 총배상금액	–	20,000만엔	–	20,000만엔

* 생산물 배상공제의 대물배상 보상기간은 10년간임.

분류하는 방법과 함께 검토 순서를 추가로 기술한다.

1. 설치대상물에 따라 분류한다.

주택용, 오피스빌딩용, 공장용 등 : 주택용 선택

2. 설치부위에 따라 분류한다.

벽에 설치, 지붕 설치, 개방부위 설치 등 : 지붕설치를 선택

3. 지붕의 설치방법에 따라 분류한다.

지붕재 위에 놓도록 부착하는 방법 또는 건축재료로서 부착하는 방법으로 나눈다. 전자는 **지붕설치형**, 후자는 **지붕재형**이라 한다(일반적으로는 이 단계로 분류하는 것이 충분하지 않을까. 그 다음 분류는 지나치게 세세한 것 같다.)

(1) 지붕 설치형의 분류

지붕재 위에 가교를 설치한 구조체에 볼트 등으로 고정하고 가대에 태양전지를 부착한다.

가대를 낮추거나 지붕재 면을 높여서 태양광 발전면과 높이를 맞추어 지붕과의 일체감을 주는 형태도 있지만, 공법적으로는 지붕 설치형이다.

콘크리트 주택의 평지붕 등에서는 지상 설치와 같은 가대에 태양전지를 부착하는 형태도 있다.

(2) 지붕재형의 분류

일반 지붕재에는 야지판, 루핑, 지붕재 등 여러 가지가 있다. 따라서 태양전지가 지붕재료 및 루핑 등의 기능을 갖추고 있는 것이 있다. 더욱이 복수의 건축재 기능을 갖추고 있는 제품도 있다.

지붕재료 계통에는 지붕재료에 태양전지를 부착한 형태와 태양전지가 지붕재료의 기능을 겸하고 있는 제품도 있다. 전자를 **지붕재 일체형**, 후자를 **지붕재형**이라 한다.

이외에도 지붕으로서의 기능을 갖춘 제품은 지붕일체형이 된다.

4. 분류방법은 기능 또는 성능, 형상 등에 따라 여러 방법이 더 있을 수 있다. 여기서는 주택 지붕에 설치하는 방법에 비중을 두고 분류하였다.

- 주택용
  - 벽설치
  - **지붕설치**
    - **지붕설치형**
      지붕재 위에 놓는 타입의 태양전지
      - 지붕즙재 위에 설치하는 계열
        지붕즙재의 위에 가대를 놓고 그 가대에 PV를 설치한다.
        - (외관지붕일체형)
          기본적으로 설치방법은 상기와 같음. 지붕즙면을 올려서 PV면과 높이를 맞추고 지붕면의 일체감을 낸다.
      - 그 외
        평지붕에 지상과 같은 양상으로 가대 설치하는 등
    - **지붕재형**
      지붕재 기능을 가진 태양전지
      - 지붕즙재계
        - 지붕즙재 일체형
          일반 지붕즙재에 공장에서 PV를 설치해서 지붕즙재와 일체화한다.
        - 지붕즙재형
          태양전지 모듈에 지붕즙재의 기능을 부여한다. 또는 태양전지에 지붕즙재의 기능을 갖추게 하여, 모듈화한다.
      - 루핑재계
        태양전지에 루핑재의 기능을 부여해 모듈화한다.
      - 지붕재 복합계 — 복수의 지붕재 기능을 갖춘다. 예 야지판, 단열 루핑 등의 복합
      - 지붕일체형
        지붕으로서의 기능을 가진 것
  - 창설치
  - 기타

[그림 2] 주택용 태양전지의 분류

부록7 지붕구배(치푼, 寸分)와 경사각(도)

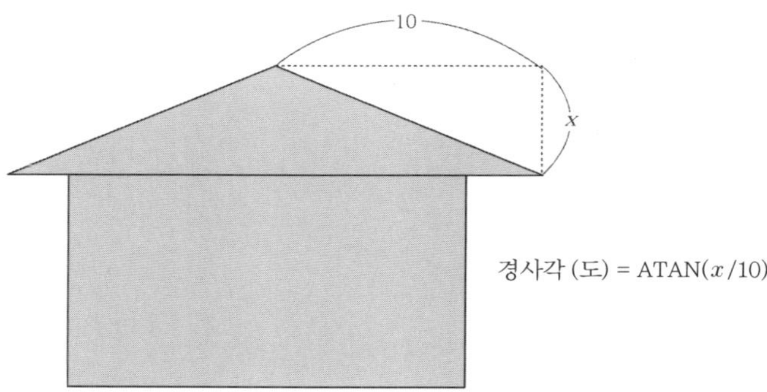

지붕구배 [치푼]	x	경사각 [도]	지붕구배 [치푼]	x	경사각 [도]
2치	2	11.3	4치	4	21.8
	2.1	11.8		4.1	22.2
	2.2	12.4		4.2	22.7
	2.3	12.9		4.3	23.2
	2.4	13.5		4.4	23.7
2치5푼	2.5	14.0	4치5푼	4.5	24.2
	2.6	14.5		4.6	24.7
	2.7	15.1		4.7	25.1
	2.8	15.6		4.8	25.6
	2.9	16.1		4.9	26.1
3치	3	16.7	5치	5	26.5
	3.1	17.2		5.1	27.0
	3.2	17.7		5.2	27.4
	3.3	18.2		5.3	27.9
	3.4	18.7		5.4	28.3
3치5푼	3.5	19.2	5치5푼	5.5	28.8
	3.6	19.8		5.6	29.2
	3.7	20.3		5.7	29.6
	3.8	20.8		5.8	30.1
	3.9	21.3		5.9	30.5
			6치	6	30.9

부록8

지붕방향, 경사에 따른 발전량의 영향

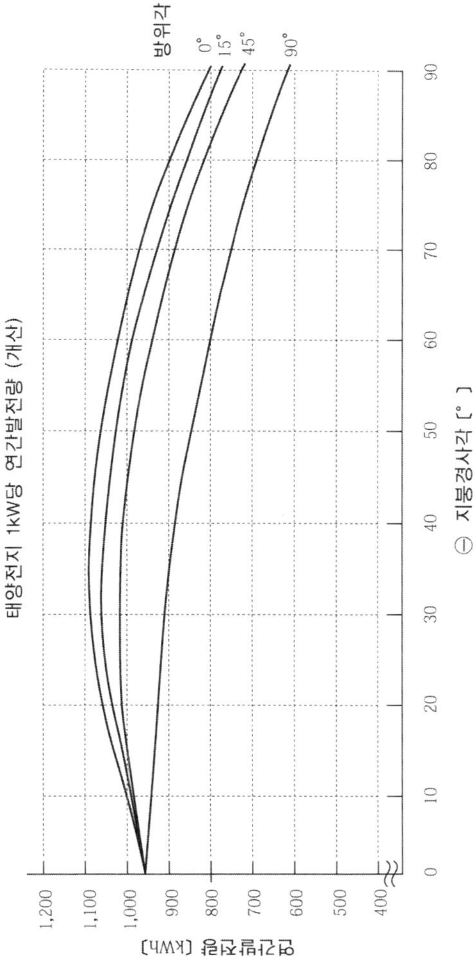

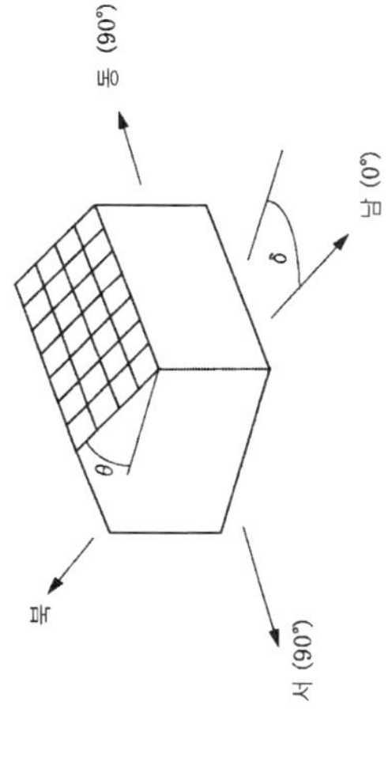

[그림 3]

찾아보기

영문 · 숫자

LCA	15
LCC	30
LCC 비용 비교도	30
NEDO	101
NEF(신에너지재단)	31
PV(광발전)	96, 101
PV 시스템	96
S형 기와	53
1차 방수	50
2차 방수	50

ㄱ

개방전압	102
걸치는 잔와	45
결로	52, 86
계절별 전력계약	34
계통연계	17, 102, 103, 105
계통연계 (보호)장치	103
고압계	103
공사착공 신청서	32
광열비	38
광전효과	103
교부 결정 통지서	32
금속재지붕	54, 57
금속판재	46
금속판재의 공법	51
기후풍토	62

ㄴ~ㅁ

내구년수	29, 98
누수	25, 50, 77, 85
뉴선샤인 계획	105
다결정 실리콘 태양전지	22
다결정 화합물 반도체 태양전지	22
단결정 실리콘 태양전지	22
단결정 화합물 반도체 태양전지	22
단락전류	104
단순 투자회수년수	41
도장대책	84
라이프 사이클 어세스먼트	14
매전(買電)	17
매전(賣電)	17, 98, 105
모듈	17
모듈 효율	106

ㅂ

바람하중 계산용 소프트웨어	79, 80
발전비용	41, 42
발전효율	16, 63
방수성	50
변환효율	39, 106
보조금 교부 신청서	32
보조금 신청의 흐름	31
보조금 확정 통지	32
보조금의 반환	32
보조제도	

보조제도(국가의)	31
보조제도(자치체의)	34
보호기능	50
부하용량	106

ㅅ

산성비	5, 12
상용계통	102, 104
색소증감 태양전지	21
생산물 배상공제	114
석면 슬레이트	46, 47
설치장소	40, 62, 74, 79
설치조건	65, 74, 97
성에너지	7, 92, 105, 107
셀	104
소비전력	7, 18
스트링	66, 68, 75, 79, 104
슬레이트 지붕재	30
승압회로	66, 69
시간대별 전력계약	34
시공기준	54
시멘트계	52, 54
신에너지재단(NEF)	31
실리콘 입자 타양전지	21

ㅇ

아몰퍼스 실리콘	22, 102
아몰퍼스 실리콘 태양전지	22
야지판	52
어닐효과	64, 102
어레이	17, 65, 69, 78

에너지 소비량	7, 12
역조류	102, 105, 106
연간경비율	42
연계보호장치	103, 106
옥외 개폐기	102
와봉	46, 47
유지보수 비용	29, 30
유황산화물(SO_x)	12
유효발전량	40
응모신청	31, 32
이산화탄소(CO_2)	12
이산화탄소 발생량	14, 15
일본식 기와	23, 45, 56
일사량	21, 36
일사량과 발전량의 관계	37
일사시간	39
입력전압 의존성	71
잉여전력	34, 106

ㅈ

자립운전	104
저감률	104
저압계	104
전등계약	34
절전의식	36
접속 상자	66, 74, 104
정기보고	32
제로 에너지 주택	91
조류대책	83
주택용 태양전지	11, 29, 117
지구 온난화	4
지붕 경사각	63, 64

지붕 설치형   65
지붕 설치형 태양전지   83
지붕 설치형의 사례   71
지붕 위를 걷는 법   57
지붕겹쳐잇기 공법   50
지붕으로 올라가는 법   56
지붕의 구조   50
지붕의 기본 형상   61
지붕재   6, 48
지붕재의 분류   49
지붕재의 역할   48
지붕재형 태양전지   25
지붕즙재   50, 52, 119
지붕하지   52
지역성   62
지진대책   83
질소산화물(NO_x)   12

ㅊ

청부배상공제   114
최대 발전전력량   20
최대 출력 동작전류   103
최대 출력 동작전압   79, 103
최대 출력 동작점   103
최적 경사각   103
출력저하   66, 68
출력전류   70, 106

ㅌ

탄산가스   3, 90

태양광 발전 시스템의 도입 예   36
태양광 발전 시스템의 수명   98
태양광 발전 시스템의 이점   41
태양광 발전의 경제성   38
태양광 발전의 과제   89
태양광 발전의 구조   16
태양열 온수기   99
태양전지   16
태양전지 모듈의 접속회로   67
태양전지 패널의 설치가능매수   79
태양전지의 설치 예   22
태양전지의 실용성능시험   25
태양전지의 종류   22

ㅍ

파워 컨디셔너   17, 35, 40, 70, 98
파워 컨디셔너의 설치 예   76
패시브 솔라   99
평판 기와   53
품질보증   87
품확법   87
풍압 계산 양식   82
풍압 계산서 기입 예   81
풍압력 검토서 서식   80

ㅎ

하즙재   51, 52
화석연료   3, 5, 9, 10, 12, 15, 91
화학 콘덴서   98
환경 부담   12

태양광 발전 시스템
지붕 위 설치 안전대책 포인트

원 제 | 太陽光發電
　　　　屋根にやさしい設置のポイント

2012년 1월 30일 초판 1쇄 인쇄
2012년 2월 10일 초판 1쇄 발행

저 자 | (사)일본건축판금협회 · (사)전일본기와공업연맹 공편
감 수 | NPO 법인 지구환경 HOME
공 역 | 장호정 · 윤종원 · 강원호
펴낸곳 | BM 성안당
주 소 | 경기도 파주시 문발로 112
전 화 | 031-955-0511
팩 스 | 031-955-0510
등 록 | 1973. 2. 1. 제13-12호
홈페이지 | www.cyber.co.kr

ISBN   978-89-315-2392-8
정가 15,000원

이 책을 만든 사람들
교 정 | 김현하
편 집 | THE 기획
영 업 | 변재업, 정창현, 차정욱
표 지 | 이진주
제 작 | 구본철